JN186966

引き裂かれた「絆」

——がれきトリック、環境省との攻防1000日

青木泰

鹿砦社

はじめに

２０１１年3月11日。東日本大震災で発生した膨大ながれきは、被災地だけでは処理しきれないとして、国・環境省の手によって、全国の市町村へと「がれき広域処理」が進められた。阪神淡路大震災や新潟県中越沖地震の際には、被災地の復興を考えれば、がれきを他県に運んで余計なお金をかけてはならないと、被災地で処理することが原則だった。

がれきの広域処理は、本当に必要なのか。それが検討されないまま、国や政府だけでなく、野党や大手マスメディアがこぞって「絆キャンペーン」を展開し、全面協力する姿勢を見せた。

広域処理にかかる費用を含んでいたため、東日本大震災におけるがれきの処理費は、過去の地震の際の倍以上になり、１兆７００億円もの巨額となった。がれきの広域化は、震災から3年後の２０１４年3月31日に終了したが、環境省の発表でも目標の15％しか達成せず（実際には４％前後）、政策の失敗は明らかだった。

ところが、広域化政策の失敗の裏で、復興資金から予算立てした巨額の余剰資金が残った。しかも、本来は財務省に返還し、被災地の復興にまわさなければならないお金を、環境省の官僚たちが全国の市町村の焼却施設への補助金に流用していたことが分かったのだ。

流用先は、全国１００の市町村の清掃工場の焼却施設などであり、環境省の役人が普段から懇意にしている焼却炉メーカーに係る事業への横流しだった。業界との癒着、官僚たちの天下り先の確保などが目的と見られる。

一方、高速道路の無料化や子ども手当ての新設は先送りにされた。被災地の復興のために、国民は我慢して税徴収に応じてきた。ところが、復興や避難者への支援のために使われる復興予算が、官僚たちによって流用されるという由々しき事態が起きたのだ。

実は、こうしたおぞましい流用は、日本の過去の歴史の中でも起きている。

江戸時代の宝永4年（1707年）、「宝永地震」の1ヶ月後、富士山が大噴火した。「宝永の大噴火」である。1ヶ月続いた噴火により、火山灰で小田原藩（神奈川県）の6割が埋もれ、江戸でも2㎝が積もったという大災害であった。幕府は各藩に、復興に向けてお触れを出し、百石当たり2両、総額50万両を復興資金として徴収した。その一方で、被災地の広大な土地を「亡所」宣言した。「税金は取らないから好きなようにせよ」と、苦しむ農民を事実上、見殺しにする政策を採った。

その結果、復興に当たって陣頭指揮を取った伊奈半左衛門関東郡代に届いた資金は、集められた資金全体の約10分の1の6万両でしかなかった。将軍綱吉の側室の屋敷の増築に16万両が使われたほか、巨額の使途不明金が発生。役人たちが賄賂などで抜き取り、流用した結果であった。

今も昔も役人たちがやることは、変わりない。しかし、宝永の大噴火は、江戸時代のことであり、300年前の話である。

日本ではその後、明治維新、そして2つの世界大戦を経験したのち、戦後の民主主義体制が作られてきた。現在の日本は法治国家であり、国民が声を上げ、国会やメディアで取り上げれば、火事場泥棒のような流用はチェックされるはずである。ところが今日まで放置され、官僚たちの越権・犯罪行為が許されているのはなぜか。

ちなみに「宝永の噴火」で災害救援の役割を与えられた伊奈半左衛門は、6万両だけでは被災地の農民を救うことができないと、復興事業に地元の農民を雇い、手当てを生活の糧とさせるとともに、駿府城の「お蔵米」（武士のための非常米）を供出し、農民の救済に使った。そして、その責任を取って、復興事業がひと段落したところで切腹した。農民らは自らの命をかけて農民を救った伊奈半左衛門を祀り、伊奈神社を建立した。

いつの世も体制に逆らい、人の道を貫き、行動する伊奈半左衛門のような役人は、ほとんどいない。

がれき広域処理の政策の内容が明らかになるにつれ、官僚たちにとって、広域化が目的なのではなく、当初から巨額の復興予算を立て余剰資金を流用することが目的だったことが分かってきた。がれきトリックの始まりである。

「絆」キャンペーンの下に「絆」とは正反対の醜い利権の獲得が企てられていた。

被災地、被災者と全国民を結ぶ「絆」は、ここでは無惨に引き裂かれ、官僚たちは「絆」を口にしながら、被災地と被災者を踏み台にし、切り捨てるモンスターに変貌していた。

一方、がれき広域処理との闘いは、放射性物質による被曝の拡大に反対し、資金の無駄使いをチェックする市民がインターネットを活用し、連携することによって、これを破綻させた。その意味で伊奈半左衛門の精神は、これらの市民に受け継がれていたといえる。民衆が国家を相手に勝利したこの闘いは、住民運動や市民活動の歴史のなかで、百姓一揆までさかのぼっても、稀有だといえるだろう。

がれき広域処理との闘いは、一方で、モンスター官僚たちによる国家支配の実像を明らかにするとともに、他方で、未来に勝利の軌跡を残すことができた。その両方を報告することをこの本の課題とした。

振り返って、がれき広域処理が破綻することなく、官僚たちの目論見通りに進んでいたなら、隠された流用の狙いやモンスター官僚の存在に、人々は気づかなかったに違いない。この闘いに参加した全国の一つひとつの闘いに敬意を表したい。

また、闘いを根っこで支えてきた、福島をはじめとする、東日本からわが子を守るために避難し、放射能汚染と被曝のおそれを訴え続けたお母さんたちの勇気と行動にも感謝したい。

暴走するモンスター官僚との攻防１０００日から見えてきたものを、読者にお届けしよう。

２０１５年２月10日

青木　泰

目次

第一章

がれきの広域化と焼却処理

2014年3月、「ビッグコミックスピリッツ」(小学館)で連載中の漫画「美味しんぼ」によって、福島での「鼻血」問題が大きな話題になった。被曝によって鼻血が出たという漫画の内容に対して、当時の石原伸晃環境大臣や佐藤雄平福島県知事が「風評被害につながる」と批判した。鼻血の事実すら否定する大臣らの批判にマスメディアは飛びつき、新聞やテレビは放射能被曝問題を久々に取り上げ、その無責任ぶりを非難した。

体制側は形勢不利と見てか、論点を「鼻血の有無」から、「鼻血が被曝によるものか立証されていない」というものに切り替え、風評被害論はうやむやになった。鼻血が多発していたという事実を踏まえ、被曝への健康対策を立てねばならない行政の責任者が、鼻血の事実まで否定する有様だった。

ひるがえって、環境省からがれきの広域処理が提案された当時も、「絆キャンペーン」の一方で、放射能汚染の拡散につながらないか懸念する声があった。福島県をはじめとする東日本の汚染地域に住む親たちは、わが子に鼻血や紫斑、従来にない痛みなどの自覚症状が出たことに驚き、西日本などの非汚染地域に避難。その数、万を超えた。

ところが、国やマスメディアは、広域処理を予定しているがれきが放射能汚染されているのか、焼却しても安全なのかについて、ほとんど問題にせず、議論のまな板にも乗せなかった。メディアの多くは環境省の安全論に頼ってしまい、環境問題を独自の科学的見地から検証し、発表することはなかった。

封印された放射能汚染・被曝への影響

広域処理される予定のがれきは、被災3県のうち、福島県を除く、宮城県、岩手県のがれきとされた。福島県のがれきはさすがに汚染されていると考え、宮城、岩手は汚染されていないと判断してのものだった。3県のがれきの合計2400万トンの2割弱の400万トンが、全国の市町村に運ばれ処理されるということだった（当初の発表数値）。

「ビッグコミックスピリッツ」
2014年5月12・19日合併号掲載

しかし、東日本大震災に伴って起きた福島原発事故により放出された放射性物質は、被災地を中心に東日本の各地を汚染した。

放射性物質の放出エリアは、被災地のみならず、奥羽山脈などの山岳部に遮られながらも、東日本各地に降り注ぎ、福島県の周辺や東京まで、土壌のセシウム汚染のレベルで言うと、これまでゼロから1桁（ベクレル／平方メートル、以下

Bq／㎡）だったものが、「5桁」の万オーダーに増加し、空間線量は、チェルノブイリの避難地区を超える値を示す所もあった（図表1）。

このように、宮城県や岩手県のがれきには、放射能汚染のおそれが十分にあったにもかかわらず、広域処理の計画が進められた。

しかも福島県の場合、被曝による影響は、皮肉なことに外国の生物学者によって明らかにされつつあった。米国・サウスカロライナ大学のティモシー・ムソー教授は、チェルノブイリ原発事故と福島原発事故後のツバメなどの小動物の調査を行ない、くちばしが曲がったり白化するなどの異変が起きていることや、チェルノブイリよりも速いテンポで異変が起きていることを、「春を呼ぶフォーラム」（川井和子代表）主催の東京での講演会「チェルノブイリから福島へ」（2013年7月29日）で発表している（P19の写真参照）。

放射性物質は遺伝子に影響を与え、後の世代にまでも想定できない影響を与える。人間どころか全生物種への影響が心配された。

事故後、街中に溢れたがれきは、露天に置かれ、放射能汚染されたおそれがあった。放射性物質を含む有害物は、その取り扱いにおいて、拡散・焼却・希釈してはならないというのが、世界で共有されている原則だ。がれきの広域処理は、全国の市町村にがれきを運び、清掃工場で燃やすことを主眼に置いていた。がれきが汚染されていれば、これは放射性物質という究極の有害物の拡散と焼却に当たる。広域処理は明らかに世界の原則に反している。

図表１　東京新聞 2011 年 10 月３日付より

福島第一原発周辺の放射線量
－文科省による航空機モニタリング－

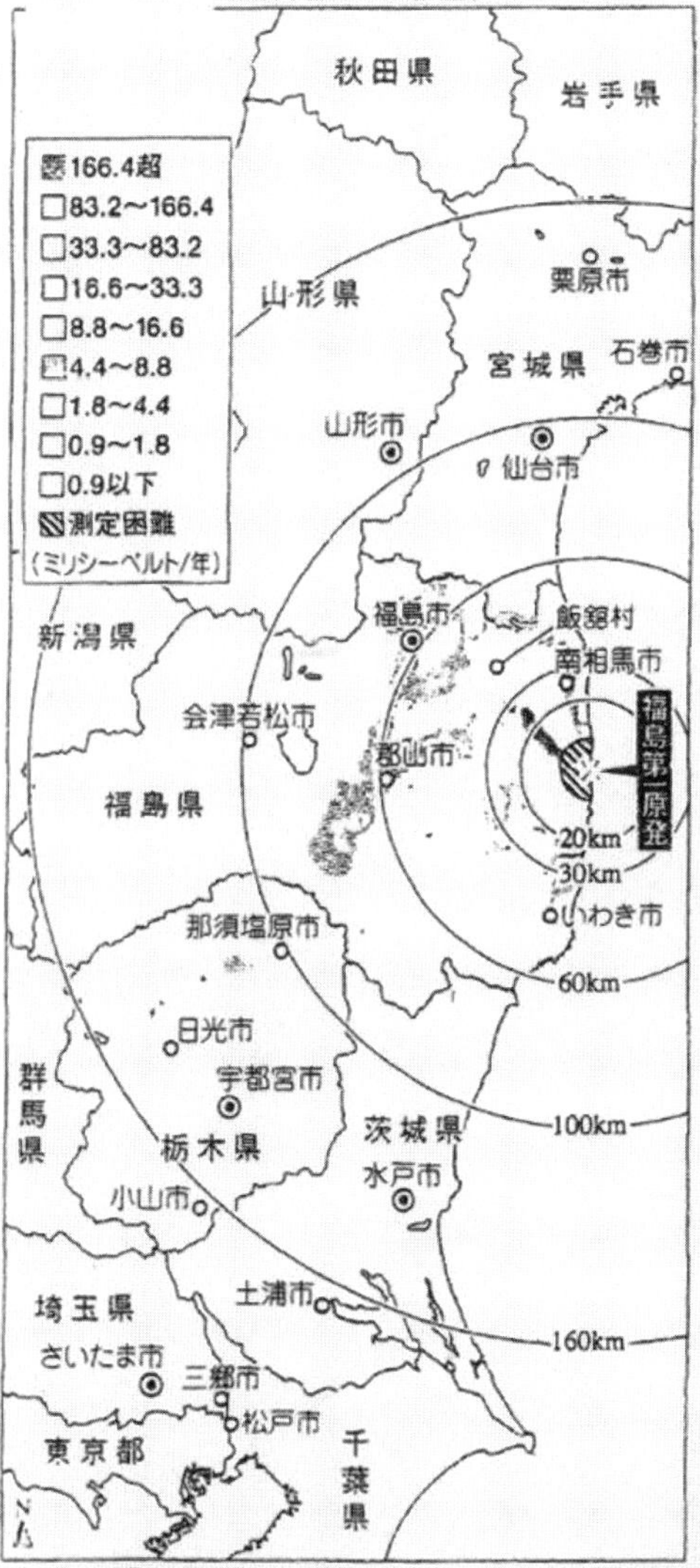

166.4超
83.2～166.4
33.3～83.2
16.6～33.3
8.8～16.6
4.4～8.8
1.8～4.4
0.9～1.8
0.9以下
測定困難
（ミリシーベルト/年）

秋田県
岩手県
栗原市
山形県
宮城県
石巻市
山形市
仙台市
福島市
飯舘村
南相馬市
新潟県
会津若松市
郡山市
福島第一原発
福島県
20km
30km
いわき市
那須塩原市
60km
日光市
宇都宮市
群馬県
栃木県
茨城県
100km
水戸市
小山市
埼玉県
土浦市
160km
さいたま市
三郷市
松戸市
東京都
千葉県

データは8月28日現在の1時間当たりの値を、本紙で年換算

原発事故で全国各地に降ったセシウムの量

都道府県名	今年	平年
北海道	16.4	0.0
青森県	137.5	0.2
岩手県	2,973.0	0.1
秋田県	346.5	0.3
山形県	22,502.0	0.0
茨城県	40,660.0	0.1
栃木県	14,490.0	0.0
群馬県	10,320.0	0.0
埼玉県	12,480.0	0.0
千葉県	10,095.0	0.0
東京都	17,318.0	0.0
神奈川県	7,730.0	0.0
新潟県	84.5	0.1
富山県	32.2	0.3
石川県	25.9	0.5
福井県	62.1	0.4
山梨県	408.8	0.0
長野県	2,492.0	0.0
岐阜県	27.2	0.0
静岡県	1,286.0	0.0
愛知県	17.5	0.0
三重県	50.3	0.1
滋賀県	13.5	0.0
京都府	14.8	0.1
大阪府	18.3	0.0
兵庫県	17.2	0.0
奈良県	14.0	0.0
和歌山県	19.1	0.0
鳥取県	20.8	0.2
島根県	9.5	0.2
岡山県	8.9	0.0
広島県	8.4	0.0
山口県	4.7	0.0
徳島県	16.4	0.0
香川県	11.2	0.0
愛媛県	13.3	0.0
高知県	72.8	0.0
福岡県	1.7	0.0
佐賀県	1.4	0.1
長崎県	3.2	0.1
熊本県	0.3	0.0
大分県	2.3	0.0
宮崎県	10.0	0.1
鹿児島県	1.5	0.0
沖縄県	9.0	0.0

単位：ベクレル/平方メートル。文科省まとめ。3～5月の累計。宮城、福島両県はデータなし

これはもはや税金の無駄使いというレベルの問題でなく、安全性無視の政策が、形だけの審議会を経て官僚たちの手で進められたと言うことができる。

がれきの焼却方針を決定

環境省は、福島県内の136ヶ所の仮設置き場に置かれた、放射能汚染されたがれきの処理方法として、可燃ごみは市町村の焼却炉で燃やし、不燃ごみは埋め立て処分する方針を決めた。環境省の肝いりで作られた「災害廃棄物安全評価検討会」(以下、有識者会議)の第3回会議(2011年6月19日)が、この焼却・埋め立てという通常処理について、安全性を確認したとマスメディアに流した。

そして、「たとえ放射性物質に汚染されていても、バグフィルターを設置している焼却炉ならば安全に焼却できる」とした。

この発表に対して、新聞各紙の見出しは次のようになっていた。

「福島第一原発:環境省放射能がれき焼却認める」(毎日新聞)

「福島のがれき、8千ベクレル以下の焼却灰埋め立てへ」(朝日新聞)

「福島がれき、8000ベクレル以下で埋立て可、環境省通知へ」(産経新聞)

「福島がれき、基準値以下なら埋立てOK」(読売新聞)

(東京新聞は「福島の汚染可能性がれき――焼却・埋立て容認へ」の記事を2011年6月

被曝の影響と考えられるツバメの変化
ティモシー・ムソー講演会 「チェルノブイリから福島へ」資料より
Photo courtesy of T.A. Mousseau & A.P. Moller (c) 2005, 2006

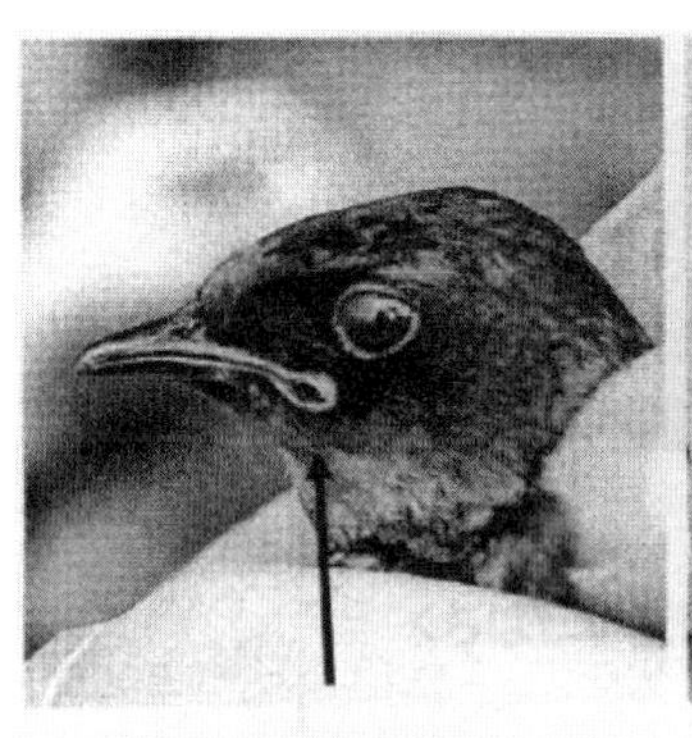

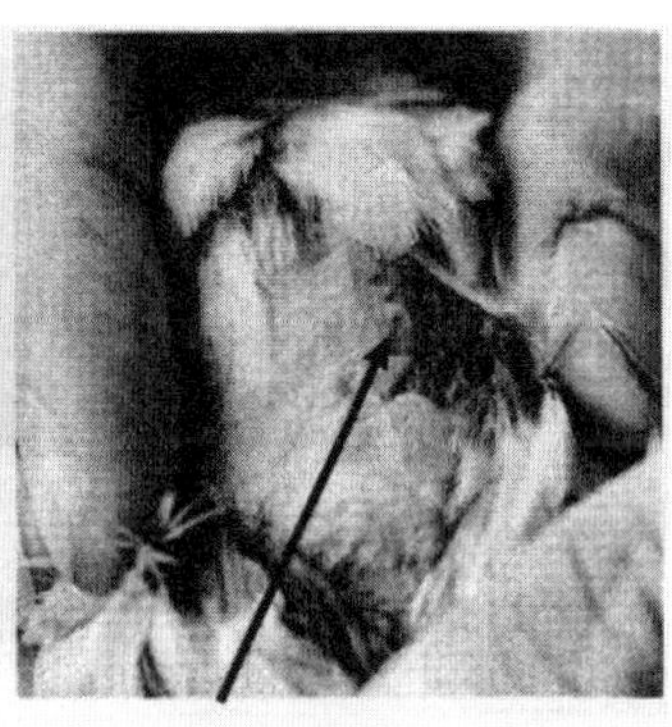

6日付で掲載し、第3回有識者会議〔6月19日〕で正式に決定予定と先に報じていた）

しかし数日後に出された第3回会議の資料を入手し、環境省の担当者に取材したところ、環境省の方針の大きな問題点が明らかとなった。これまでは、ドラム缶に入れ、数百年間の保管が義務付けられていた放射能汚染物を、市町村の清掃工場の焼却炉で燃やしてもいいと方針化しているのだ。

汚染廃棄物を焼却炉で燃やせば、放射性物質が大気中に拡散される。その空気を吸い込んだ人間に内部被曝をもたらし、原発による放射能汚染の二次被害をもたらすことになる。

ところが、マスメディアは、毎日新聞、東

京新聞以外、焦点を外して見出しを打った。焼却灰の埋め立ても問題であるが、放射能汚染物の焼却処理をチェックする視点がなかった。

福島県内には、バグフィルターを備えた清掃工場は12ヶ所ある。そこで焼却されれば、福島第一原発に加え、放射性物質の発生源が、一挙に12ヶ所も増えることになる。清掃工場の焼却炉で燃やされ、チリ状に分解された放射能の灰は、除去装置でも取りきれず、周辺地域に降下する。汚染は、年間を通じた風向きや煙突の高さによって、高濃度に汚染される場所が決まってくる。新たなホットスポットが作り出されることになる。

有識者会議が非公開とされたため、メディア各紙の記者は、環境省や有識者会議委員からの又聞き情報で記事を作り、それぞれに焼却や埋め立てに重きをおいた報道を行なった。非公開は、報道を分散させ、真実の伝達を見事に防いでいた。会議が公開されていれば、要点を掴んだ記者は、出席した「有識者」以外の有識者や関連自治体や住民に取材し、この問題は大きくかつ的確に報道されたと思う。

身内の有識者会議ではチェックできない

有識者会議の最大の問題は、がれきの汚染度を調査し、規制基準を設けることなく、焼却していいとしたことにある。

この有識者会議には、廃棄物関連の日本のトップの学者など8人を委員として選んでいたが、原子力関係の学者は一人のみであり、住民や、被害を受けた農業者や漁業関係者、そして実際の規制作業を行なう自治体関係者などは、一切参加していなかった。ちなみに脱原発を決めたドイツでは、物事を決めるのに住民参加は必要な要件だと定められているということである。

振り返って日本の法令の中では、放射性物質は原子力発電所や医療施設、民間の原子力の研究施設などの事業所でしか取り扱われないことになっていた。そして一般環境中への排出は想定外とされ、廃棄物処理法を含む環境六法では、「放射性物質やその汚染物質」は、すべて対象外とされていた。

つまり、原子力安全神話は、放射性物質の取り扱いにおいても生き続けていたのである。放射性物質を扱う事業所で事故が起きても、環境中に放射性物質が放出されることは念頭に置かれず、その対策や事故の責任を問うことのない法制度となっていたのだ。

福島第一原発事故による放射性物質の飛散によって、経営が立ちゆかなくなったとして、ゴルフ場が賠償を求めた裁判の仮処分において、飛散した放射性物質は、「無主物」、つまり持ち主がいないもので、責任を問えないとした冗談のような判決があったことは有名だが、それらは現状の法令の不備が、根本的な原因だった。

廃棄物には、法令上は「放射性物質やその汚染物」は含まれず、放射性物質による環境影響の研究は、廃棄物の専門家にとって、専門外の領域であった。門外漢が専門家となっていたのだ。その専門家を中心にして震災廃棄物の安全性について討議するのは、間違いだったといえる。

例えて言えば、サッカーの新しいルールを設けるのに、野球関係者を中心に決めるような有識者会議だったということだ。

もう一つの大問題は、会議を非公開にしたことである。

専門家による技術評価の会議がなぜ非公開でなければならないのか。日本の廃棄物行政を大きく方向転換させる会議が、非公開で行なわれたことに納得がいかないのは筆者だけではあるまい。

環境省の担当者の一人は、「活発に意見を出してもらうため」と、聞く方も恥ずかしくなるような発言をしていた。ところが非公開の会議には、関連各省庁の次官クラスの人間がずらりと傍聴していた。会議に有形無形の圧力を加えるために、公開としたくなかったのであろう（参考『環境省の大罪』杉本裕明著、PHP研究所）。別の担当者に聞いたところ「討議に載せる基礎データの出所を隠さないと出してもらえないものがあり、非公開にした」と答えた。この発言も思いつきの出まかせであることは、言うを俟たない。何かの事情で情報の出所を公に明かせられなければ、その部分だけ隠せばよいのである。非公開の理由はただひとつ。放射性物質の専門家や市民が傍聴することで、チェックを受けることを避けたというのが実態であろう。

有識者会議を非公開にしたことで、そこで提出された資料は、環境省のホームページから入手することになり、手に入れるのに約1週間がかかった。話し合われた記録の入手は、情報開示請求をした2ヶ月後だった。しかもその後、その記録すら取らなくなり、一切を住民や、自治体などに対しても秘密にする対応を取った。

官僚主導でがれきを広域化

環境省、そして国は、有識者会議での結論やそこで討議した内容を独り歩きさせ、がれきの焼却を良しとするとともに、広域処理にまつわる法案などを成立させるレールを官僚主導で作り上げていった。

がれきの焼却と広域処理を進めるにあたり、国や環境省は、

①関係自治体に相談する場を設けることもなく、

②有識者会議の内容すら棚上げし、原子力安全委員会（現・原子力規制委員会）があらかじめ用意した内容に即して決定させるという離れ業を行なった。

③さらに有識者会議は福島県内での震災廃棄物（がれき）や汚染廃棄物の処理問題を討議したが、そこでの結論を、東日本を中心とする各自治体での放射能汚染廃棄物の処理方針としたのである。

まず①について、広域処理に関わる方針の検討であれば、環境省は当然、該当する都道府県や市町村に呼びかけ、相談する機会を設ける必要があった。

実際、廃棄物の処理については、家庭や街の小規模事業者から出るごみは市町村が処理し、産業廃棄物については、都道府県が管理を行なってきた。従って、実際の業務の上で経験を積み、

問題意識を持っている自治体に呼び掛け、知恵を借りる必要があった。

一方、有識者会議では、放射性物質として取り扱う基準を、原発事故によって汚染された災害廃棄物については、従来のクリアランスレベルの100Bq／kgから80倍の8000Bq／kgに改定した。

この点についても、原子炉等規制法では「100」のままで、今回の暫定法では「8000」となり、同じ国の中で2つの基準がまかり通るダブルスタンダードとなる。この点について、会議ではなんら言及がなされていない。

今回、取り扱ってよいとされた100Bq以上の廃棄物は、従来の基準からいえば放射能汚染物質であり、市町村の清掃工場や埋め立て処分場では取り扱ってはいけないとされてきたものだ（図表2）。したがって、暫定的といっても、取り扱いにあたっては、工場内の作業員の安全性や周辺地域の環境汚染への対処など、問題が残っていた。安全対策や環境対策について、経験も何もない中で、受け入れ基準だけを変える今回の有識者会議の結論は、実務を知らない専門家たちの「空論」といえた。

当然、自治体側からの反応として、「取り扱いが出来ない」という意見が集中的に出されることが考えられた。

そのため、テーマそのものを「福島県における」と狭め、あらかじめ、広域にわたる、実際に処理をする自治体レベルでの問題とせず、福島県内の問題として絞ったうえで結論を出し、その

図表２　原子炉等規制法による核種（放射性物質）ごとの規制基準（クリアランスレベル）。セシウム（Cs）134、137はともに0.1Bq／g＝100Bq／kg

核種	基準	核種	基準	核種	基準
H-3	100 Bq/g	Ni-63	100 Bq/g	I-129	0.01 Bq/g
C-14	1 Bq/g	Zn-65	0.1 Bq/g	Cs-134	0.1 Bq/g
Cl-36	1 Bq/g	Sr-90	1 Bq/g	Cs-137	0.1 Bq/g
Ca-41	100 Bq/g	Nb-94	0.1 Bq/g	Ba-133	0.1 Bq/g
Sc-46	0.1 Bq/g	Nb-95	1 Bq/g	Eu-152	0.1 Bq/g
Mn-54	0.1 Bq/g	Tc-99	1 Bq/g	Eu-154	0.1 Bq/g
Fe-55	1000 Bq/g	Ru-106	0.1 Bq/g	Tb-160	1 Bq/g
Fe-59	1 Bq/g	Ag-108m	0.1 Bq/g	Ta-182	0.1 Bq/g
Co-58	1 Bq/g	Ag-110m	0.1 Bq/g	Pu-239	0.1 Bq/g
Co-60	0.1 Bq/g	Sb-124	1 Bq/g	Pu-241	10 Bq/g
Ni-59	100 Bq/g	Te-123m	1 Bq/g	Am-241	0.1 Bq/g

原子力安全委員会の報告書における評価対象核種58核種のうち、原子炉関連の33核種について、省令に規定

□ :原子力安全・保安院内規（NISA文書）記載の重要放射性核種（10核種）

決定を、広域に適用させるという姑息な手立てを取ったのである（前記③）。

またその有識者会議は、第2回が終わって第3回が開催される前の6月3日に原子力安全委員会の通知が発表され、その内容でほぼ決定してしまった。原発事業を推進してきた経産省管轄の原子力安全委員会が安全性の是非を決め、従来の取り扱いの基準であった100Bqを80倍に緩める8000Bqとし、それ以下ならば、下水汚泥や廃棄物の焼却や埋め立てを可能とした。そこには何の裏付けもない。原子力安全神話をなぞるような内容だった。

有識者会議は、第2回までは、地域に散在しているがれきの汚染度の調査を行なうなど、実態を踏まえたうえで討議を行なっていた。この原子力安全委員会での「通知」（※1）が、まるで〝神の声〟のように、有識者会議の議論を制圧したので

ある。要するに、あらかじめ用意された答えを、専門家による検討会で討議したものと見せかけるための有識者会議だったのだ。その通知に基づき示された環境省の処理方針は図表3のような内容だった。

有識者会議は、官僚主導による秘密主義を覆い隠す単なる飾りでしかなかったのである。日本の省庁組織で、公害などの環境汚染から国民を守る役割を担っているのが環境省である。その環境省が、巨大ながれきの処理を行なうために、全国の市町村の清掃工場や埋め立て処分場で焼却・埋め立て処理する広域化方針を中心政策として掲げた。その上で有識者会議では、たとえ廃棄物が放射性物質に汚染されていても、バグフィルターで大気汚染を防げるとした。

国と環境省は、福島県の避難区域に指定された地域のがれきを除き、汚染された草木や下水汚泥の焼却を「可」とした。これをもって、がれきの広域処理について、「震災がれき処理特措法（東日本大震災により生じた災害廃棄物の処理に関する特別措置法）」が2011年8月18日に成立、続いて「放射性物質汚染対処特措法」が2012年1月1日に成立した。そして同年2月以降、絆キャンペーンの下、がれきの広域化が積極的に進められることとなった。

当時、国や環境省は、やろうとしていたことを隠していた。そのため外部からその動向を正確にとらえるのは難しかった。問題は廃棄物と放射性物質という、所管官庁が環境省と経産省ほかにわたる問題であり、広域処理がどのような意図で進められているかを掴むため、筆者自身も多くの専門家や、ネットの「ごみ探偵団」を主宰する吉田紀子氏などの助けを借りながら、秘され

図表３「福島県内の災害廃棄物の処理方針」
環境省発表（2011年6月23日）

I	今仮置場に置かれているがれきは、バグフィルター付設の市町村の焼却炉で焼却して良い
II	焼却灰の埋め立て処分については、下記の通りとする（1kg当たり） 8000Bq以下　通常埋め立て 8000Bq以上～10万Bq　一時保管　（飛灰も同様の処分） 10万Bq以上　遮蔽施設で保管
III	不燃ごみについては、そのまま埋め立てても良い
IV	クリアランスレベルは、再使用するものにのみ適用する

た意図を探っていった。

当時、この問題で、筆者はインターネット上で(http://gomigoshi.at.webry.info/)メッセージを送ると同時に、雑誌などの媒体にも意見表明していった。以下、紹介する。

環境省が放射性廃棄物の焼却の方針――微粒子の飛散で内部被曝拡大――

「週刊金曜日」（２０１１年６月24日号）

環境省は、東京電力と国による福島第一原発事故、汚染水の海洋投棄に続き、第３番目の大きな誤り、放射能汚染廃棄物（がれき）の焼却処理を決める方針だ。世界も驚く非常識な焼却処理は、一般廃棄物の処理権を持つ市町村が了解すれば、進められてしまう。

収束できない福島第一原発から今も放出されてい

る放射性物質は、福島県内だけでなく、３００㎞離れた神奈川県足柄の茶畑を汚染し、各地に高濃度放射能汚染区域（ホットスポット）をもたらし、汚染が拡大している。事故の早期収束は待ったなしである。

ところが環境省は、福島県内において放射能汚染がれきを市町村の清掃工場で焼却したり、そのまま埋め立て処分し、放射性物質の発生源を増やそうとしている。

放射性物質も他の物質と同様に焼却して消えるわけではなく、焼却すると微粒子と排ガスになって、煙突から大気中に飛散する。焼却炉には、有害物の飛散を抑えるためにバグフィルターなどの除去装置が付加されているが、すべて取りきれるわけではない。都内の清掃工場でも除去できるはずの水銀が、自主規制値を超えて排出され工場が止まった。清掃工場の煙突から吐き出された放射性物質は、大気中に広がり、体内に入ると内部被曝をもたらし、微量でも容赦なく影響を与える。

がれきの焼却が始まれば、放射性物質は、福島第一原発だけでなく、県内各所の清掃工場から大量に放出されることになる。福島県は子どもが安心して育ち、人が働き、農業や畜産を営める場所でなくなってしまう。

なぜいま焼却なのか。地震と津波によって発生したがれきは、福島県では２８８万トン。岩手県、宮城県のそれぞれ４９９万トン、１５９５万トンに比べると量は少ないが、原発事故で放射能に汚染されたため処理の方策が決まらず、避難区域や計画避難区域のものはそのままにして、それ以外のものは、県内136ヶ所の仮設置き場に分散配置してきた。しかし放射能で汚染されたがれきを住宅地や学校などのそばに積み重ねたのでは、近隣に住む人はたまったものでなく、子どもを疎開させた人もいるという。

そこで焼却は、仮設置き場に置いたがれきを早く片付け、かさを減らすのが目的という。しかし焼却も除染なしの埋め立ても、二次被害の要因となる。

がれきの放射能汚染のレベルはどのくらいか。がれきの汚染濃度は、1m離れたところで1・7～20・8ミリSv／年もの放射線量があった。放射性物質の指標値としてきたクリアランスレベル0・01ミリSvの170倍～2080倍である。直接がれきに当てて測ればそのさらに10倍の値を示す高濃度汚染物である。世界のどこでも行なわれていない高濃度放射能廃棄物の清掃工場での焼却処理。それにゴーサインを出すのは正気の沙汰とは思われない。

放射能汚染の拡大に歯止めが必要なときに、汚染地域を拡大するのである。それは社会的犯罪行為である。例えば、各地に降り積もった放射性物質は、雨によって下水に流れ、下水処理の過程で汚泥に濃縮され、江東区では汚泥廃棄物の焼却処理によって周辺に高濃度汚染が生じている。このように、高濃度放射性廃棄物である汚泥を、すでに燃やし始めている自治体もあるが、この危険な焼却は、なぜ罰せられないのか。現状の環境基本法や廃棄物処理法では、放射性物質とその汚染物を有害物とせず、禁止や規制対象から外しているからである。明らかに国の法律上の不備である。

環境省は現行法の不備を直さず、福島のがれき焼却を進めようとしているが、これは福島での放射能汚染の拡大のみならず、東日本各地の自治体での汚泥などの放射性廃棄物の焼却に拍車をかけ被害を広げることになる。

〈引用終了〉

廃棄物処理法を踏まえ、環境省ががれきの焼却を方針として決めたからといって、それを実行するのは一般廃棄物の処理権限を持つ市町村で、市町村が裁量権を持っている。したがって市町村の首長や環境部の担当者、そして住民がどのように対応するかで決まる問題であることを、「週刊金曜日」で訴えた。

※1：「東京電力株式会社福島第一原子力発電所事故の影響を受けた廃棄物の処理処分等に関する安全確保の考え方について」平成23年6月3日　原子力安全委員会

第一章を振り返って

東日本大震災・原子力発電事故による放射能汚染に対して、国・環境省が、世界でタブーとされていた放射性物質およびその汚染物の焼却方針を強引に決定した。そしてその方針の下に、全国の市町村でがれきの広域処理を進め始めた。

それまで、廃棄物問題に関わってきた専門家は、放射性物質に対してこれまで専門外だったため、筆者も含め、がれきの焼却や広域化について、当初全容が分かっていたわけではなかった。放射性物質という究極の有害物の取り扱いが、あまりにずさんに行なわれようとするに及んで、批判的に検証する中で、次々疑問点が見つかった。

今から振り返ると、環境省自体が放射性物質について素人であり、従来の廃棄物についても実際に取り扱ってきたのは、市町村や都道府県だった。それらを統括する国は、何もかもに通じていなければならないという建前だけが独り歩きし、メディアも事態に対して不十分な対応しかできなかった。

従って、がれきの焼却や広域処理がどのような意味を持つのか、誰も分かっていなかったように思う。手立てを尽くして理解すべく動くこともなかったように思う。

そうした中で、やはり大きな疑問として残ったのは、環境省や国、そして行政府の官僚たちの秘密主義であった。これまでの法案作りに際して、都合のいい学者を選び、批判意見は蚊帳の外に置く対応が常態化していたが、今回の有識者会議は「超」が付くひどさだった。会議を非公開にし、議事録すらとらない徹底ぶりだ。

官僚たちは、税金でメシを食っていることを忘れ、自分たちの企みを、秘密のベールに包みこんだのである。官僚独裁体制は、この対応の中に、すでに見て取ることができた。

第二章

次々と暴かれたがれきの放射能汚染

環境省は、福島県のがれきは「汚染されている」と広域化から除外した。その判断の裏には、広域化を進めた宮城県、岩手県のがれきは、放射能汚染されていないというのが暗黙の前提となっていた。

ところが、牛肉汚染などの報道によって、その前提は次々と打ち破られることになる。福島以外のがれきの放射能汚染も、もはや隠すことは不可能になった。

牛肉・稲わらの汚染発覚

最初に社会的な問題となったのは、牛肉・稲わら汚染問題だった。

当時の報道を追ったネットや新聞を引用しつつ、経緯を辿ってみよう。

2011年7月10日、福島県南相馬市の畜産農家から出荷した黒毛和牛11頭から食品安全規制値である500Bq/kgを越える放射性セシウムが検出されたことに端を発し、次々と深刻な汚染が明るみに出ることになった。当初はその牛肉がどこに流れたのかが追跡され、流通先は、北海道、東京、神奈川、千葉、静岡、愛知、大阪、徳島、高知などの都道府県に及んでいたことが報道された（毎日新聞・7月11日付）。

そして間髪をいれず、同日中に福島県の発表として、牛のえさとして使われていた稲わらから7万5000Bq/kgの放射性セシウムが検出されたことが報道された。「県の調査発表によると、井戸水や配合飼料には問題がなかったが、飼料の暫定許容値（300Bq/kg）を大幅に超えた稲わらは4月上旬まで田んぼに野ざらしに置かれ、和牛を出荷した農家は緊急時避難区域にあり、1頭あたり、その稲を1日1・5kg食べさせていた。県の調査に対して『配合飼料が手に入らなくなり食べさせてしまった』という」(同毎日新聞)

牛肉汚染問題が発覚し、社会に大きな動揺を与えたが、当初は福島県の避難区域に限っての特別の出来事という装いで発表された。しかし、その後牛肉の汚染は、福島以外にも広がっていった。

7月22日には、「牛肉の放射性セシウム問題で岩手県は、県南の農家から出荷された京都市の食肉店に流通した牛肉から国の暫定規制値の2倍を超す1210Bqのセシウムが検出されたと発表した。(中略)福島県産以外の肉牛では初めて」と報道が続いた。同記事では「岩手県によると(中略)この牛は汚染された稲わらを与えられていた可能性がある」「宮城県によると東京の食肉業者が、18日に仕入れた県産牛肉12・9kgから1150Bqのセシウムが検出された。自主検査した業者が都内の保険所に22日に届け出た。(中略)この農家はセシウムに汚染された稲わらを牛に与えていたことが県の調査で確認されており、複数頭出荷されたと見られる」(以上、毎日新聞7月23日付)。

結局のところ、牛肉の放射能汚染は、露天に干されていた稲わらに放射性物質が付着し、稲わら自体が数万Bqに汚染され、それを食べた畜産牛が、当時の暫定規制値である500Bqを超えて汚染された結果だと分かった。農水省は、この後、福島、宮城、岩手の稲わらを食べさせた肥育農家を調査し、福島県20戸、岩手4戸、宮城6戸の農家から合計総数187頭の牛が規制を超過していたことを発表した。

このときの食肉用の牛肉の暫定基準は５００Bqだったが、これは牛が食べる稲わらの基準（３００Bq）よりも甘い基準値だった（p37の写真）。また原子炉施設からの排水基準（１００Bq）よりも5倍、甘い基準だ。食肉や稲わらは農水省、原子炉は経産省が管轄している。結果、口に入るものが「５００」で、原子炉から廃棄する排水基準が「１００」という日本の縦割り行政の矛盾を絵に書いたようなあり様だった。その後、牛肉の基準は１００Bqとなったが、当時から現実的なレベルで議論がなされていれば、もっと大変な騒ぎとなっていただろう。

いずれにせよ、福島県だけでなく、宮城県、岩手県の露天に置かれていた稲わらが、こうして汚染されていた以上、宮城県や岩手県のがれきも汚染されている疑いは否定しえなくなった。

なお付言すると農水省は、東日本大震災から8日後の２０１１年3月19日、東北・関東の各県に、刈り取った乾牧草の供与や放牧制限の通知を出し、その後も粗飼料の暫定規制値を通達してきたが、徹底せず、同年7月８日に東京都が独自に行なったモニタリング調査の結果、福島県産の牛肉から暫定規制値を超える放射性セシウムが検出され、これが一連の事案の出発点となった。

送り火の護摩木からセシウム検出

岩手県陸前高田市の沿岸に植えられた松は、津波のためことごとく倒壊したが、１本の松だけは倒れることなく残った。地元のボランティアが、未来への思いを託すように養生したが、結局

牛の餌は300Bqなのに、人間の食事は500Bq。それを分かりやすい図で示したブログ「北の山じろう　日々色々」（http://blog.goo.ne.jp/kg7n-oka6re4bl_kd6b-ra6bi_4eg）より

は自生は無理と判断され、人工的な手当てを受けながら、象徴的な記念物として今も立っている。

その陸前高田市の倒壊した松を、京都の五山の送り火の大文字焼きに使い、津波で亡くなった人を鎮魂することが計画された。改めて露天に放り出されていた松が、放射能汚染されていたことが分かったわけである。露天に置かれていた宮城県や岩手県のがれきが、場所によっては汚染されていた事実が確認された。

以下はそれを報じた朝日新聞（２０１１年８月12日付）の引用である。

「京都の『五山送り火』で、東日本大震災の津波になぎ倒された岩手県陸前高田市の松でできた薪(まき)を燃やす計画について、京都市は12日、中止すると発表した。市が取り寄せた薪５００本の放射能検査をした結果、放射性セシウムが検出されたとし、『計画

京都に届いた陸前高田市の松でできた薪＝京都市役所、高橋一徳撮影（写真およびキャプションとも朝日新聞記事より転載）

は、放射性物質が含まれていないことを前提にしていた。断念せざるを得ない』と説明した。

計画をめぐっては、放射能への不安の声が一部の市民から寄せられ、送り火の主催者である大文字保存会が被災松の受け入れを中止。各地から苦情が殺到したため京都市が別の薪を取り寄せ、大文字をはじめとする五山の各保存会が16日の送り火で燃やすことで事態の収拾を図ろうとした。送り火そのものは予定通り行なわれる。

陸前高田市から来た薪は、市の要請で協力した福井県のボランティア団体などが５００本を集め、11日に京都市役所に運んだ後、市が民間の検査機関に依頼。検査は、すべての薪の表皮と内側を一部削り取り、それぞれ一塊にして調べた（上の写真）。その結果、表皮のみ１kgグラムあたり１１３０Bqの放射性セシウムが検出されたという。

環境省は、焼却処分が可能な放射線濃度の基準を

図表1　早川由紀夫群馬大学教授が作成した東日本各地の放射能汚染マップ

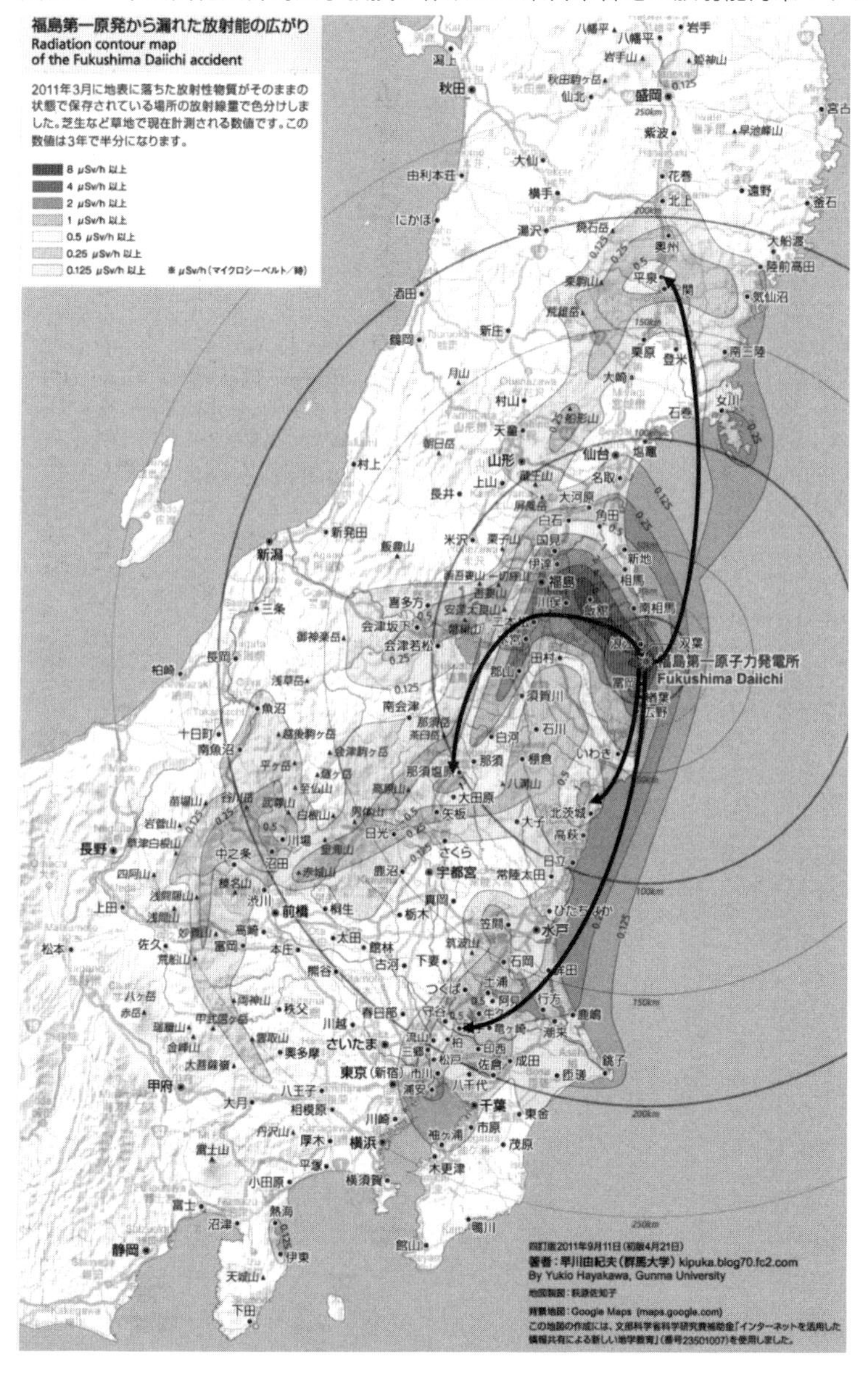

示していない。記者会見した門川大作市長は、中止の理由について『もともと送り火で燃やすには放射性物質が出ないことを前提にしていた』と説明。放射能に詳しい地元の大学教授に聞くと、『燃やしていいか判断できない』との回答だったという。

市によると、薪は現地で長時間にわたって野ざらしになっていて、泥をかぶった状態だった。詳しい保存状態について、市は『ボランティア団体に任せていたので把握していない』と説明した。今後、市の施設で薪を保管し、処分するという」

放射能汚染マップでみる汚染の実態

放射能汚染の実態について、視覚的に分かりやすいよう図を作成したのが、群馬大学の早川由紀夫教授だ（図表1、図表2）。福島原発の数度にわたる爆発事故によって放出された放射性物質は、当初政府が予測したように、波紋が広がるように同心円的に流されていくわけではない。爆発時の風向きや天候条件によって、意外な場所に飛散し、汚染度が高いホットスポットを作っていた。

早川教授は、東日本各地の市町村ごとの空間線量の値を参考にし、その値を等高線のように結んで、放射能汚染マップを作った（図表1）。濃い色で示された場所ほど汚染度が高く、3度の爆発により放射性物質が飛散した先が、矢印で示されている。

このマップを見ると、宮城県や岩手県の特定地域は明らかに汚染度が高くなっており、その地域下の稲わらや松などが高濃度に汚染されていた事実が裏付けられることとなった。

図表２　早川由紀夫教授作成の東日本各地における焼却灰の汚染マップ。濃い色で示された場所ほど汚染度が高い。

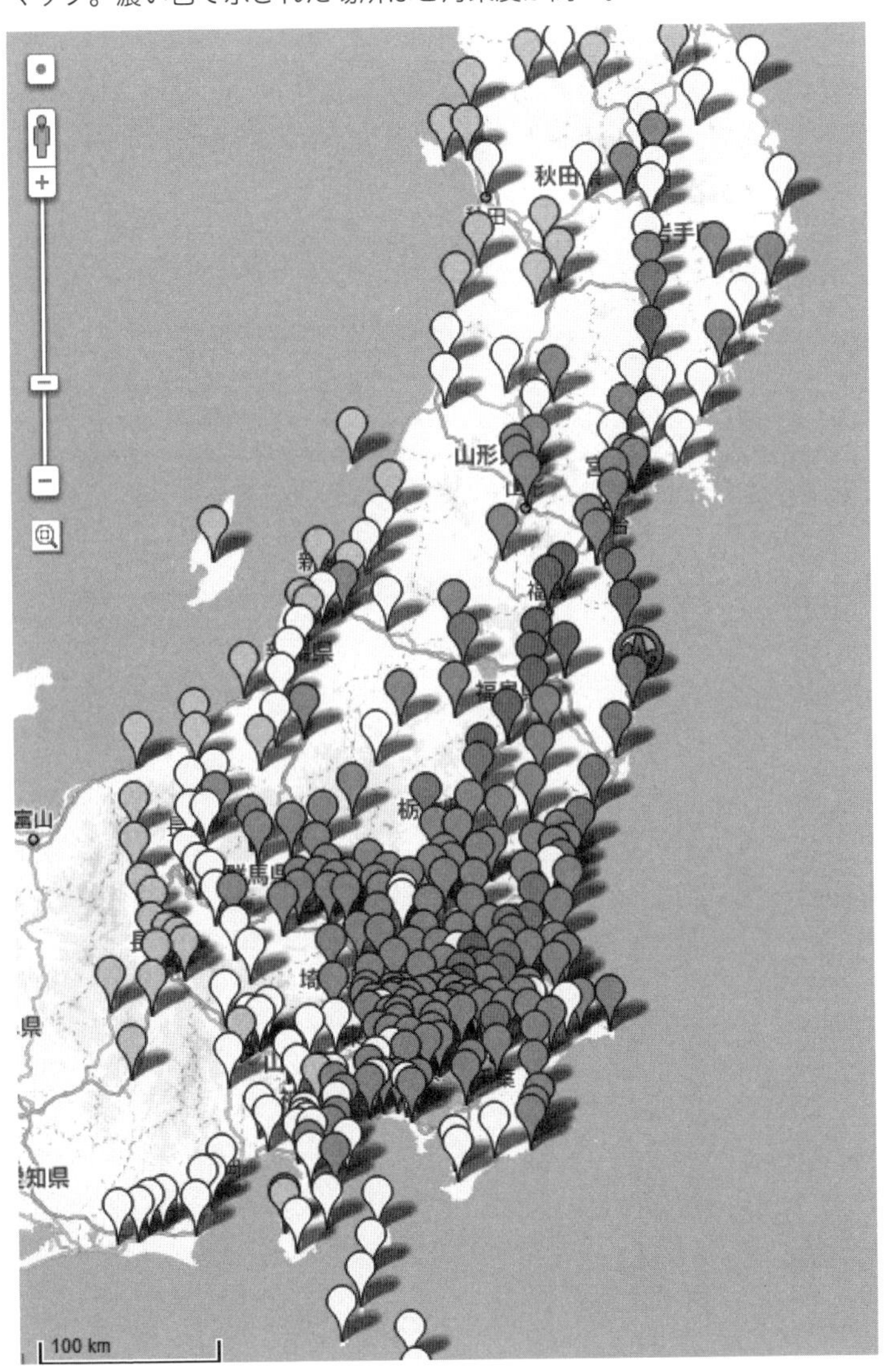

また、東日本各地域での清掃工場の焼却灰や下水処理施設の汚泥が高濃度に汚染されているという報告が次々と入ってきた。早川教授は、ボランティアの皆さんの助けも借りて、図（図表2）のような焼却灰の汚染マップを発表した。先の放射能汚染マップと重なり合っていることが分かる。

宮城県、岩手県のがれきの放射能汚染が現実のものとなった。これを全国の自治体で焼却・埋め立てることは、汚染と危険の拡大にほかならないことが、誰の目にも明らかになった。

筆者は2011年秋の段階で、こうした事実をつかみ、ネット上でいくつかの見解を発表するとともに、廃棄物問題の専門誌「月刊廃棄物」に見解を発表した。下記に転載する（一部改訂）。

放射能汚染災害廃棄物の焼却――放射性物質を拡散する世界の禁じ手！――

「月刊廃棄物」（2011年10月号）

新高速鉄道の事故で、車両に土砂をかぶせ、事故隠しに走った中国政府。この中国の対応に唖然とするとともに、批判の声を上げた日本の国民に対し、中国からは日本の政府の福島原発への対応を批判する声が上がっている。

確かに目くそ鼻くそで、どちらの政府とも、事故への謝罪がなく、国民の命を第一に考えず、

意見投稿

放射能汚染災害廃棄物の焼却

―放射性物質を拡散する世界の禁じ手！―

環境ジャーナリスト　青木泰

新高速鉄道の事故で、車両に土砂をかぶせ、事故隠しに走った中国政府。この対応に唖然とし、批判の声を上げた日本の国民に対し、中国からは日本の政府の福島原発への対応を批判する声が上がっている。

確かにどちらの政府とも、国民の命を第一に考えず、2度と同じ過ちを繰り返さないという視点を欠落している点は、共通している。

そして、いま放射能汚染された災害廃棄物を焼却し、放射性物質を拡散する世界に類例を見ない政策が、日本政府、環境省の手で行われようとしていることは見逃せない。

これでも民主国家か、原発事故対応

福島原発事故に対しての日本政府の対応は、事故責任を曖昧にし、事故情報を取捨選択して国民に伝え、影響を過小評価する対応に終始した。事故収束と放射能汚染への適切な対応を取る事ができなかった（再臨界や水蒸気爆発がなければ、直接の責任は問われないといった対応である）。

日本政府は、東京電力㈱（以下、東電）などの電力事業者が、進めてきた杜撰な原子力政策を一緒になって進めてきた。その点から言っても、最初に国民にわび、東電任せにするのでなく、国の総力を挙げて、原発事故の収拾策に取り組むことが必要であった。事故情報を総て明らかにし、事故収束のための国内外を問わないあらゆる技術的英知を結集すべきであった。

事故の謝罪をせず、最初のボタンを掛け違えて進めてきたため、

①いまもって原発事故が、何時になったら収束できるのかも明らかでなく、現在も放射能性物質を放出続け、それを防ぐために建屋を覆うという基本作業すら出来ていない（米国の原発専門家アーノルド・ガンダーセン氏も指摘。日刊ゲンダイ8月17日号）。

②また大量に溜まった高濃度汚染水の海洋投棄という国際的にも許されない環境汚染を行った。国が、事態収拾の前面に立っていれば、一私企業である東電ではできない巨大タンカーを派遣したり、原発施設周辺にプールをつくるなどして対処できたはずである。高濃度汚染水の海洋投棄の結果、福島沿岸での漁業は、魚介類の放射能汚染を考え、再開できていない。生物濃縮による汚染の影響は、予測が付かない。

③汚染の実態調査を行い、事故情報と汚染実態の情報を伝える。放射能の影響を最も受ける子供たちの健康を守るという点でも、これらは不可欠であったが、責任論を引きずり、事故の影響を小さく見せるという意思が働き、除染計画や避難や疎開の措置を国が先導して行うということが今もって行われていない。

結局、事故を起こした「責任」「情報の公開」「事故の拡大の防止」がなく、国民を守り、環境を守ることに取り組まなかった。これでは、中国鉄道への事故対応とどこが

低線量被曝では原爆を超

原爆は一瞬の爆発による想像を超えた破壊と殺戮を、ノーモア広島、長崎は地球の共通した願いである。

今回福島第1原発は、再三の水蒸気爆発という最悪事態は避けられ、その意味で、爆発の被曝によって直接に死者が出たという発表はない。しかし原爆の爆発によって直接命を亡くしただけでなく、死の灰（＝チリ）、放射性物質による低線量の被曝にいたり、いまも苦しんでいる人も多い。

原発の事故による影響は、この低線量の被曝による影響となる（※低線量被曝という紛らわしい言葉である。いっても、すでにチェルノブイリの強制避難のレベルを超える汚染が在り、ここではすぐ倒

「月刊廃棄物」2011年10月号

二度と同じ過ちを繰り返さないという視点を欠落している点は、共通している。
そして今放射能に汚染された災害廃棄物を焼却し、放射性物質を拡散する世界に類例を見ない政策が、日本政府、環境省の手で行なわれようとしていることは、見逃せない。

〈これでも民主国家か、原発事故対応〉

福島原発の事故に対しての日本政府の対応は、事故の責任を曖昧にすることであった。そのために、事故情報を取捨選択して国民に伝え、影響を過小評価する対応に終始した。事故収束と放射能汚染への適切な対応を取る気は初めからなかった（再臨界による爆発がなければ、直接の責任は問われないといった対応である）。

日本政府は、東京電力などの電力事業者が進めてきた杜撰な原子力政策を国策としてきた。その点から言っても、最初に国民にわび、東電任せにするのでなく、国の総力を挙げて、原発事故の収拾策に取り組むことが必要であった。事故情報を総て明らかにし、事故収束のための国内外を問わないあらゆる技術的英知を結集すべきであった。

事故の謝罪をせず、最初のボタンを掛け違えて進めてきたため、

①今もって原発事故が、いつになったら収束できるのかも明らかでなく、現在も放射能のチリを放出続け、それを防ぐために建屋を覆うという基本作業すら出来ていない（米国の原発専門家アーノルド・ガンゼーセン氏も指摘。「日刊ゲンダイ」２０１１年8月17日付）。

②また大量に溜まった高濃度汚染水の海洋投棄という国際的にも許されない環境汚染を行なった。国が、事態収拾の前面に立っていれば、一私企業である東電ではできない巨大タンカーを派遣したり、原発施設周辺にプールを作るなどして対処できたはずである。高濃度汚染水の海洋投棄の結果、福島沿岸での漁業は、魚介類の放射能汚染を考え、再開できていない。生物濃縮による汚染の影響は、予測がつかない。

③汚染の実態調査を行ない、事故情報と汚染実態の情報を伝える。放射能の影響を最も受ける子どもたちの健康を守るという点でも、これらは不可欠であったが、責任論を引きずっていたためか事故の影響を小さく見せるという意思が、あらゆるところで働き、除染計画や避難や疎開の措置を国が先導して行なうということが今もってなされていない。

結局、事故を起こした後、「反省と責任」「情報の公開」「事故の影響の拡大の防止」がなく、国民の命を守り、環境を守ることに取り組んでこなかった。これでは、中国の高速鉄道への事故対応を批判することはできない。

そしてこの日本政府の無責任で、後追い的な対応の延長上に今回の環境省の放射能汚染がれき（災害廃棄物）の焼却・埋め立て処理提案が出されてきている。

〈低線量被曝では、原爆を超える〉

原爆は一瞬の爆発によって、想像を超えた破壊と殺戮をもたらし、ノーモア広島・長崎は地球上の人々の共通した願いである。

今回福島第一原発は、再臨界や格納容器の致命的な損傷という最悪の事態は現状、避けられている。その意味で、原子炉爆発による高線量被曝によって直接に死者が出たという発表はない。しかし原爆の影響は、爆発による熱風や熱線を浴びて直接命を亡くした人だけでなく、死の灰（チリ）などの放射性物質による低線量の被曝で死に至った人や、今も苦しんでいる人も多い。

原発の事故による影響は、現状でこの低線量の被曝による影響が問題となる（低線量被曝という言葉は、紛らわしい言葉である。低線量といっても、すでにチェルノブイリの強制避難のレベルを超える高濃度汚染がある。ここではすぐ倒れたり死にいたることがないという意味で使用する）。

福島原発では、ウランの燃焼によって産み出されたチリやガス状の放射性物質が、海洋に汚染水として流出し、大気に放出されてきた。これまで放出された放射性物質の総量は、100京Bqという天文学的な量に上り、米国のスリーマイル原発事故の1万倍にも上る（※1）。セシウムの量で言うと広島原爆の168倍に上り、残存影響量は、広島長崎の約3000倍に上るといわれている（※2）。それらが、東日本の人口密集地域に降り落ちている。

今後環境中に放出された放射性物質による外部被曝と内部被曝に対してどのように対処するのかが、国や自治体、そして私たちが考えなければならないことである。

原発施設から放射性物質が放出された今回のような場合、降り積もったチリが作る高濃度汚染地域＝ホットスポット地点や皮膚に付着したチリによる外部被曝に加え、空気を吸うことで、肺に入ったり、飲食物の摂取によって体内に取り込まれる内部被曝が、時間を掛けて影響を与えることになる。

すでに福島県のお母さんの母乳や子どもの尿からセシウムが検出され、内部被曝が進行していることを示している。

東京大学アイソトープ総合センターの児玉龍彦教授の国会での参考人発言を切っ掛けに、ホットスポットを測定調査したり、除染することが課題に上ってきている。その場所で生活するだけで、年間1ミリシーベルト（以下、Sv）から100ミリSvを超える放射線量を浴びるところは、何百ヶ所もあり、文部科学省が行なった原発周辺100㎞圏内の調査でも、高濃度汚染地域は、避難区域外でも見つかり、チェルノブイリの強制移転の基準（5ミリSv以上）を越える場所は、2200ヶ所の調査点の8％にも及んだ（朝日新聞・8月30日付）。

〈閾値がない内部被曝〉

外部被曝への対応は、ホットスポットなどの除染作業として、国の対応を待たず、始まっているが、さらに大きな問題は、内部被曝である。

放射性物質を体内に取り込む内部被曝には、どこまでなら許容範囲だという「閾値（しきいち）がない」という(※2)。放射性物質を体内に取り込んでしまったときには、それがどんなに低濃度であっても、

ＤＮＡの損傷を避けることができないとされる（※2）。細胞を構成するＤＮＡは、二重ラセンになっており、細胞分裂の際にそのラセンが解かれる。この解かれた状態で放射線を受け切断されてしまうと、ＤＮＡは修復することができない。従って成長期にある子ども（胎児・幼児・児童・青少年）は、細胞分裂を活発に繰り返しているため、損傷を受けやすい。

しかも影響を受ける「感受性は、人それぞれであり」安心できるレベルはないため（※3）、放射性物質の拡散を抑えるしか対策はない。

内部被曝は、空気や食べ物によってもたらされるため、放射性物質の拡散に歯止めをかけ、食品の放射能汚染を防止することが不可欠となる。

放射性物質が付着した汚染物質を燃やせば、放射能は周辺に再拡散し甚大な影響を与える。放射性物質を燃やしてもなくなるわけでなく、より微細なチリやガスとなる。後述するように市町村の焼却炉に付設されているバグフィルターをすり抜け大気中に拡散される。

煙突からの煙は、周辺部に降り落ち、地形や風向きによって、特定の場所に偏って流れて行く。そのため煙が流れて行く先で生活し、働く人は、放射能のチリを直接吸うことになり、農産物があれば付着し、それを食べれば内部被曝がもたらされる。

焼却過程で一部捕獲される放射能のチリは、飛灰や焼却灰に濃縮される。それらの灰を安易に埋め立てたりすれば、土壌や水の汚染、二次災害につながることになる。

放射能汚染されたもの（がれき、剪定ごみ、汚泥）は燃やすべきではない。安全性を第一に優先し、国、自治体、民間を通して対策を考える。安全策が見つかるまで、隔離、保管するというのが、国民・住民の安全を守る行政の役割ではないだろうか。

〈環境省の放射能汚染された災害廃棄物の処理方針〉

環境省は２０１１年6月23日、放射能汚染がれきの処理策として、市町村の清掃工場の焼却炉で燃やしたり、埋め立て処分場で埋め立ててよいという耳を疑う方針を発表した。

環境省の処理方針は、災害廃棄物安全評価検討会（有識者会議）で検討し、了解を得たと発表された。しかし有識者会議は非公開であり、医師などの専門家や処理を担っていく自治体、住民や農業、漁業者団体、市民団体代表なども参加せず、結論ありきの会議であった。

そして以下のように、可燃ごみは、バグフィルターを付設した焼却炉で焼却してよく、不燃ごみや焼却灰は、汚染度に応じて埋め立て処分や一時保管、影響遮断する方針を示した。

また飛灰は、一時保管と同じ扱いとし、全て福島県内の市町村の埋立処分場で処理することも決めた。

この環境省の方針は、福島県内のがれき（災害廃棄物）の処理方針として示されたが、同時期に東日本各地の市町村のごみ焼却炉や汚泥焼却場で見つかった高濃度に汚染された焼却灰の埋め立て処理の指針ともなった。

〈可燃ごみの処理基準を示さず、市町村に処理を丸投げ〉

環境省方針は、内容的にも整合性のないものであった。埋め立て処分する不燃ごみや焼却灰については、放射能の汚染濃度の基準を８０００Bq／kg以下と定めながら、可燃ごみについては焼却禁止の基準を示さなかった。

また環境省が、福島県の災害廃棄物の方針として示したのは、放射能汚染されているのは福島県内に限られるという予測を暗黙の前提としていた。そのため福島県内のものは、県内の市町村で処理するとしながら、岩手県や宮城県のものは、全国の市町村にも処理委託する方針で進めていた。

真実は覆い隠すことが出来ないものである。ところが環境省の、この方針が発表された後、「牛肉―稲わら問題」によって災害廃棄物の汚染が想定されるようになった。ところが、環境省は広域化方針を変える様子がなく、災害廃棄物が基準もなく全国の市町村に運ばれ、汚染は全国に広がってしまうことになった。

環境省の担当者に聞くと、出口で基準を守るようにすれば良いという無責任な回答が帰ってきた。しかし出口チェックを本当にしたとしても、焼却場周辺に異変が起こり、あわてて被災地に戻すということも起こりかねない。そのときになって誰が責任を取るのか。しかも出口規制が焼却炉の排ガス規制を指すのならば、それがどのような規制であるか示さなければならないが、環境省は水銀、鉛、カドミほか重金属類についてさえ、ごみ焼却炉の排ガス規制をしていない。放射性廃棄物についても規制はない。

全国の市町村の焼却炉で放射能汚染された廃棄物を焼却したとき、排ガス規制がない以上、周辺へ放射能を垂れ流すこととなる。また多くの市町村には、放射性廃棄物の取り扱いの資格を持った職員も配置されていない。そして独自の処分場もない。清掃工場のピット、焼却炉のストーカや灰だめ、排ガス除去装置の各所に放射性廃棄物が溜まり、それを除染しなければならなくなれば、作業員の安全性が危惧され、費用も自治体でまかなえる額では収まるはずがない。

自治体に丸投げして、重大な被害を住民が被ったとき、誰が責任を取るのか。環境省の文書は「焼却施設や最終処分施設の周辺住民や作業者の安全を確保するのが大前提」と記載されている。

環境省はまったくいい加減な方針を示しながら、問題があったときには自治体の責任とするような「大前提」の記載を行ない、国が責任を問われることがないようにしていた。

〈バグフィルターで放射性物質が除去できるのか?〉

災害廃棄物の焼却処理で、俄然注目されたのはバグフィルターである。マスメディアでも有識者会議の報告として、「バグフィルターで放射性物質が100%除去できる」という報道がなされた。環境省の担当者に聞くと「それは100%取れるということでない」「また断言しているわけでない」「排ガスは調べていない」という答えが返ってきたが、結局環境省の方針では、バグフィルターを付設した焼却炉で燃やせば良いということになり、「バグフィルターで放射性物質は除去できる」が一人歩きしてしまった。しかし本当なのか。

市町村の焼却炉は、家庭や地域の小規模事業者から排出された可燃ごみを約10分の1に減らす減容化のための施設に過ぎない。付設されているバグフィルターなどの除去装置は、焼却の過程で産み出される煤塵や有害物を除去するための装置に過ぎず、高濃度に放射能汚染されたものを除去分解するためのものではない。

京都大学の福本勤工学博士は、放射性物質は燃やせば微細なチリとガスになり、これらがバグフィルターで除去できるかは、実際の焼却炉や実験炉を使った実証実験を行なう必要があると主張する。もともと「パンツでおならは防げない」と関口鉄夫氏（元信州大学講師）が語るように、フィルターでガスは除去できない。

有識者検討会で、放射性物質がバグフィルターで除去できるかどうかの検討のために提出された研究論文は、京都大学の「都市ごみ焼却施設から排出されるPM2・5等微小粒子の挙動」という論文であり、放射性物質を除去できたという報告ではない。ここでは喘息の原因となる微小粒子は、バグフィルターを通せば99・9％除去できると報告しているが、ガスは検討対象からも外れている。

このような論文で、放射性物質はバグフィルターでほぼ取れるというのは、サッカーのゴールネットで野球のボールを捕獲出来ると言うに等しい暴論である。

そもそもこれまで放射性物質や汚染物質は、廃棄物として扱うことがなかったため、市町村の焼却炉で通常焼却されるごみと比較され検証された実証例はない。環境省は、科学的な裏づけを取ることなく放射能汚染物質は、バグフィルターで除去できると発表したのである。

〈ボタンの掛け違いを正せ〉

原子炉の事故を受けて私たちは、空気と水・食物などに細心の注意を払い、環境を守り次世代に引き継ぐことが求められている。それに反して市町村の焼却炉で放射能汚染された廃棄物を焼却すれば、今も放出を続ける福島第一原発に追い打ちをかけるように空気と食物を二次汚染することになる。

現状の環境省の方針でも、受け入れ市町村の焼却や埋め立て処理は、5～10年もかかることが予想される。当座のその場逃れに走るのでなく、安全性を優先した基本策を打ち立てることが必要だ。

環境省は、未曾有の放射能汚染の実態を踏まえ、その影響から国民を守ることを真剣に考え、将来に禍根を残すことのない放射能汚染防御策の策定に取り組むべきである。災害廃棄物について言えば、クリアランス制度の適用を明確に打ち出し、クリアランスレベル以上の可燃ごみは、容易に焼却埋め立てすることなく、廃棄物と同等の取り扱いを禁止することが必要である。

〈引用終了〉

※1：武田邦彦中部大学教授ブログ「中間報告」

※2：児玉龍彦東京大学教授の衆議院における参考人発言
※3：村田三郎阪南中央病院副院長の発言『日本を脅かす！　原発の深い闇』（別冊宝島）

第二章を振り返って

国・環境省は、被災3県のうち、福島県のがれきを除き、宮城県、岩手県のがれきのみ広域処理の対象とした。これは、両県のものは、放射能汚染されていないという判断に基づく決定であるが、その発表後間もなく、露天に放置されていたがれきが汚染されていることが明らかになり、両県の汚染は事実となって人々の不安と不信を増大させた。

インターネットの活用によって、事実の隠蔽を暴いてゆく過程を通して、

①民主的な体制と、情報が自由に流れ、取得できることの大切さ
②情報の真実に到達するのに、テレビや大新聞よりネットメディアのほうが速く、可能性が高いこと
③スピードの速さと、経済的な利害との関わりのなさから、真実を把握し、そこに到達するためのツールとして、ネットがすでに大きな位置を占めていること

こうしたことを筆者自身も実感した。

第三章

「バグフィルターで99・99%除去できる」のウソ

がれきをはじめとした廃棄物の放射能汚染は、隠しようがなくなった。しかし、放射能汚染廃棄物を市町村の清掃工場の焼却炉で焼却して、安全性が保障されるのかという問題を、大手メディアは取り上げなかった。各種情報を収集しながら、露天に置かれたがれきの汚染の可能性について気を配り、チェックしていたのは、草の根の市民たちであった。

そうしたさなかの2011年11月4日、環境省の山本昌宏廃棄物リサイクル対策課課長が、廃棄物資源循環学会の災害廃棄物をテーマとしたシンポジウムのパネラーとして出席した。山本課長は次のように説明している。

①地元だけでは処理できず、3年以内に処理したい。がれきの処理が進まなければ復興は進まない。

②たとえ放射能汚染されていてもバグフィルターで99・99％除去できるため、煙突から放出されない。

③受け入れ自治体は汚染地域にあるため、通常の清掃工場で燃やされているものと変わらない。

しかしこの発言は、国の権威を盾にした科学的根拠のない主張でしかなかった。後で見るように、ここで示された①②は、その根拠が覆されることとなる。また③では、広域化するがれきは汚染地域にしか持って行かないかのような発言をしていたが、実際には関西、北陸、九州などの非汚染地域に運んだのである。

多くの場合、官僚たちは、自分たちの政策を正面から報告し、話すことを嫌う。予算さえ獲得すれば突っ走ってしまうのが常である。しかし日本の廃棄物問題を取り扱う最大の学会で沈黙するわけにもいかず、ようやく明らかにした環境省としての見解だった。そしてこの発言には、広域処理を予定しているがれきが放射能汚染されているという事実が織りこまれていた。

一方、廃棄物の処理は、直接国が行なうわけではない。家庭から出されるごみや地域の商店などから排出される廃棄物は「一般廃棄物」とし、市町村が処理することが法律上の約束事である。がれきも位置づけの上では市町村が処理する「一般廃棄物」であったため、国・環境省が広域処理を決めたからといって、それを受け入れてくれる市町村がないことには、実際の処理は進まなかった。

２０１１年末から翌１２年初頭にかけ、がれきの広域化は政策への賛否の議論が過熱する中、全国のいくつかの自治体が受け入れ表明し、その住民が、自治体に説明会を求めたり、自ら講演会などを開き実情を知る活動を通し、賛否を表明する大きなうねりを巻き起こした。

筆者も、環境省が汚染がれきや草木ごみも焼却可として、広域処理に動き出した問題を、専門誌である前出の「月刊廃棄物」（２０１１年10月号）記事のほか、より読者層が広い「週刊金曜日」で報告した（２０１１年10月14日号）。

そうした中で、当時の石原慎太郎・東京都知事が、早々と受け入れに手を上げ、２０１２年３

月には受け入れが開始されることになる。国は、東京都に続き、神奈川県、そして静岡県島田市での受け入れを進めようとしていた。

単なる議論から、現実に自治体で受け入れるかどうかの賛否が問われるようになり、賛成側と反対側の攻防が始まっていた。

受け入れを予定している自治体に対して市民から質問が出され、立ち往生した自治体は、環境省の役人に説明させたり、環境省が安全を保証していると説明することで乗り切ろうとした。環境省の示した政策は、そうした全国での疑問の矢面に否応なく立たされる状況となっていた。

この時期、がれきの広域化を巡る迫真の議論が、あるときにはインターネットで中継され、あるときには議論に参加した市民からの報告で、数日のうちに全国で共有化された。

国や環境省が、諸政党や大手メディアを味方にして、まるで大政翼賛会のような陣容で進めたのに対して、市民側はインターネットを武器に、これと闘った。

がれきの全国広域化という問題をめぐり、行政と市民による攻防が、こうして始まりつつあった。

「バグフィルターで除去可能」の真偽

がれきの広域化と焼却処理にあたって、その安全性を考える上で環境省の最大の根拠は、「バグフィルターがあれば放射性物質を99・99％除去できる」という見解であった。

図表１　代表的なバグフィルターの構造

JIPTmodel

パルスジェット逆洗で高速ろ過を可能に。

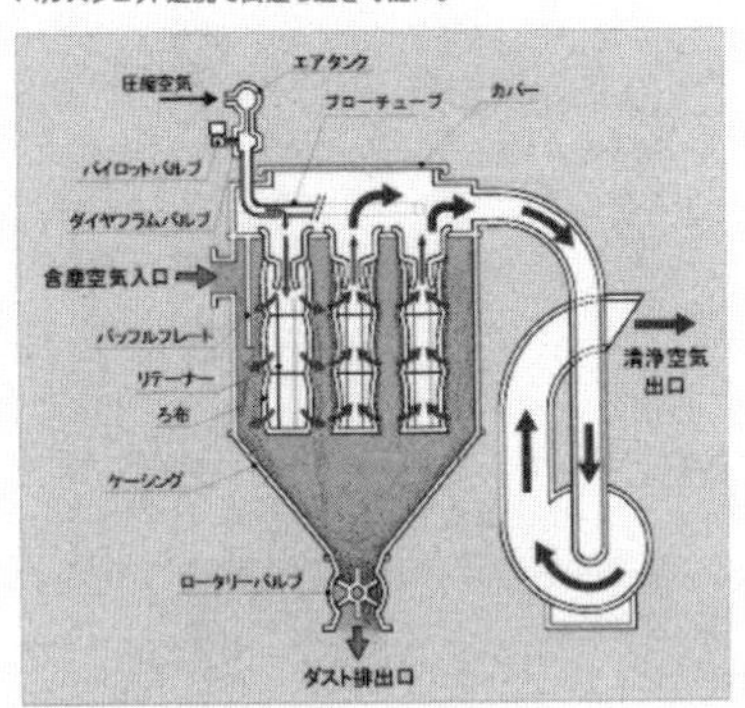

JIPT 型は JIP 型の特長をそのまま生かし、天井部のカバーを開けてろ布交換ができる トップインサートタイプなので、ケーシング内部でのメンテナンス作業が不要です。 また、クリーンサイド部での作業が行なえるので、非常に衛生的です。

「泉環境エンジニアリング」ホームページより

そこで筆者は、週刊金曜日（２０１１年12月９日号）で、放射能汚染問題に目をつむり、がれきの受け入れに手を上げた石原都知事の問題と「バグフィルターで99・99％除去できる」という論の間違いを指摘した（図表1は、代表的なバグフィルターの構造である）。

この記事を読んだ東京新聞「こちら特報部」の佐藤圭記者が取材を開始し、翌年の「こちら特報部」記事「焼却ありき密室で決定」（東京新聞・２０１２年１月21日付）での指摘につながっている。

まずこの時期、「週刊金曜日」に筆者が掲載した２件の記事を掲載しておこう。

放射能汚染がれきや汚泥、剪定ごみは燃やしてはいけない

「週刊金曜日」（2011年10月14日号）

放射能に汚染された「がれき」のみならず、下水汚泥や草木ごみにも汚染が広がっている。これらを燃やせば大気が汚染され放射能被曝の二次被害が起きる。

8月のお盆のとき、京都市では、岩手県陸前高田市で、津波に倒された松を「五山の送り火」の護摩木に使い、東日本大震災の被害者の霊を弔う計画を立てたが、中止になった。原発事故による放射能汚染が松にも及んでいたからである。放射能汚染の影響が、福島以外にも広がりつつあることが、全国に知られることになった。

〈燃やすがれきの放射能基準を示さず〉

これより先の2011年6月23日、環境省は、福島県内の放射能汚染されたがれきの処理方法として、可燃ごみは市町村の清掃工場の焼却炉で焼却し、不燃ごみはそのまま埋め立て処分する方針を発表した。

日本の現行法制度では、放射性物質及び放射能汚染物は、特別な取り扱いをし、一般の廃棄物として取り扱ってよいのは汚染度がごく低いクリアランスレベル以下に限るとしている（※1）。クリアランスレベルとして定めた基準では、被曝放射線量は、自然放射線量の100分の

図表２　「ＡＥＲＡ」（2011年８月８日号）より、一部抜粋

がれきを広域処理すれば、放射性物質が拡散する可能性がある。一方で、被災地だけでは処理しきれない――。こんなにっちもさっちもいかない状況を、専門家はどうみているのか。
「岩手・宮城のがれきを受け入れて焼却しても大丈夫です」
そう話すのは、国立環境研究所資源循環・廃棄物研究センター長の大迫政浩氏だ。現在稼働している焼却施設では、煙突のフィルターが放射性物質を除去する仕組みになっていて、煙となって拡散される恐れはないという。焼却灰についても、埋め立て基準を超えるレベルの放射性物質が検出されることはまずないとみる。

１の年間10マイクロシーベルト（以下Sv）、放射能濃度の規制値は、放射性物質ごとに決められ、例えば、セシウム１３４、１３７は、それぞれ１kgあたり１００ベクレル（以下Bq）となっていた。

一度、廃棄物として流通されると、焼却や破砕、埋め立てなどの処理過程で周辺にどのような影響を与えるか分からないので、基準値は、国際的にすり合わせられ、厳しく設定されている。このクリアランス制度は２００５年度に施行され、原子炉の解体にあたって排出された基準以下の廃棄物は、産業廃棄物業者に引き取られ、処理処分されてきた。

環境省の方針では、不燃ごみや焼却灰などの埋め立てごみはこの基準の80倍の８０００Bqという緩い規制値を示し、可燃ごみでは、この基準以下のものならば、バグフィルターが付設されていれば燃やして良いとしている。

基準無視をつくろうとしたためか、環境省は非公開の「災害廃棄物安全評価検討会」（有識者会議）を作り、この方針が了解されたとマスメディアに流した。

有識者会議の委員の中心人物で、国立環境研究所の大迫政浩資源循環・廃棄物研究センター長は、バグフィルターが付加されていれば、放射性物質を除去できるとし、「煙突から煙となって拡散されるおそれはない」と週刊誌「アエラ」(2011年8月8日号)で語った(図表2)。その一方で、廃棄物関係の専門誌である「月刊廃棄物」(2011年9月号)では、「元来放射性物質は廃棄物処理法に含まれていなかったので、われわれ国立環境研究所は、知見もノウハウもほとんどありませんでした」「自治体からの要請に基づいて、排ガス中の挙動や放射能レベルが高くなる原因究明についての調査も行なっていきます」と語っている。

アエラでは「拡散されるおそれはない」、専門誌では「今後調べる」。この矛盾点について大迫氏本人に聞くと、取材時期が前後し、調査の結果「拡散しないことが分かった」と答えた。だが、「知見もノウハウもない」調査が、それほど簡単にできるはずがない。

それにしても技術上の検討会が非公開とは、先進国を名乗る資格すらない。

〈予測不能な〝濃縮〟が始まっている〉

放射性物質は、東北3県にとどまらず、東日本エリア全域に振り落ちている。児玉龍彦・東京大学教授は、著書『内部被曝の真実』(幻冬舎)の中で、稲わらの何万Bqもの高濃度汚染は、放射性物質を含む雨が稲わらに浸み、乾燥し、再び雨にぬれる、この繰り返しが原因と推測した。

今後、降り落ちた膨大な量の放射性物質が濃縮を続け、私たちに与えるであろう影響が心配である。

福島第一原発からの距離に関係なく、放出された放射性物質が、風向きと地形によってホットスポット（高線量汚染区域）を作ったのも、自然の濃縮作用といえる。そして今心配なのは、汚染物の焼却による人為的な濃縮作用である。

一つは、地上に振り落ちた放射性物質が雨に流され、下水処理場に流れ、固液分離処理によって、汚泥に濃縮され、これが、処理場によっては燃やされていること。もう一つは、街路樹や公園の樹木、庭木に付着した放射性物質も剪定ごみとして、多くの市町村の清掃工場で燃やされていることだ。

燃やしている場所では、焼却灰は高濃度汚染を示している。

市町村の焼却炉は、有害物の分解装置として造られたものではない。放射性物質が焼却炉で燃やされたからといって、なくなるわけでなく、排ガスと微粒子になる。バグフィルターではガスは除去できず、微粒子もすべて取りきれるわけではない。焼却灰が高濃度に汚染されているということは、煙突から大気中に放射性物質が放出されているということである（※2）。

東京都や国が集計した焼却施設の排ガス中の放射性物質は、「不検出」と示され、行政担当者は、「出ていない」という。しかしこれは、ゼロということではない。たとえば東京都の足立清掃工場の焼却炉は、毎時8万㎥の排ガスを煙突から出す。「不検出」の表示の下で、排出される量が1㎥あたり2㏃というわずかな量であっても、1日に384万㏃の放射性物質を出すことになる。

煙は、煙突の高さ、地形などによって、特定の場所に流れる。この人為的な濃縮を止めさせる必要がある。

〈空気をこれ以上汚すな〉

2011年9月28日、東京都が岩手県のがれき1万トンを引き受け、最終的には50万トンのごみを引き受けると発表した。民間業者に引き受けさせ、木くずや鉄くず、プラスチックが混じったごみを業者が分別、破砕したうえで焼却し、その焼却灰を東京都が管理する処分場に埋め立てるという。

しかもその民間業者は、東電の出資を受けるグループ傘下企業で、原発で儲け、事故後は汚染ごみの処理でも儲けるという悪い冗談のような話である。

しかもその安全確認の方法が、噴飯ものだ。岩手県で燃やし、その焼却灰を埋め立て、規制値を下回ったというものと、排ガスの放射性物質が「不検出」だという報告である。岩手県の焼却炉で燃やした結果、東京の業者の焼却炉で燃やしてよいというのは、大学入試の替え玉受験を正式に認めるのと同じだ。

環境省が放射能汚染がれきの焼却を容易に認める背景には、東日本の各地で放射能汚染された汚泥や剪定ごみがすでに燃やされ、そこにがれきの焼却が加わっても、大勢に影響がないという判断があったと聞く。

しかし国民の命と健康を守る立場で考えれば、放射能汚染物である以上、燃やせば空気の汚染を進めることになる。埋め立て保管したり、天日乾燥したりする他の処理方法の選択こそが求められている。

石原都知事の庶民への「黙れ」発言!!　放射能汚染がれき焼却処理の間違い

「週刊金曜日」（2011年12月9日号）

岩手県・宮古市のがれき（災害廃棄物）の東京都の受け入れに3000もの抗議の声が届いていることを定例の記者会見で聞かれ、「黙れ！」と発言した石原慎太郎都知事。がれきの引き受けは本当に美談であろうか。

「みんなで協力しなかったら力のあるところが手伝わなければ仕様がないじゃないですか！何も放射能ががんがん出てるのを持ってくるわけじゃないのだから。測ってなんでもないから持ってくるんだから。『黙れ！』って言えばいいのだ、そんなもの」

〈がれき引き受けが救済の道か？〉

がれきは東北の被災3県で約2400万トン。全国の一般ごみ1年分の約半分の量であり、他府県での処理が当然のように話題にされている。しかし、被災地での処理はできないのか。仙台市は震災直後から、がれきの処理に取り組み自前で完了させる目途をつけた。

仙台市も地震と津波の直撃を受け、死者872名、行方不明者32名の人的損害を受け、建物被害も全壊と半壊を合わせて13万3799棟の損害(2012年3月6日現在)。がれきの発生量は、年間の一般ごみの総量37万トンの3・5倍に及ぶ135万トンに上る。

仙台市の環境局「震災廃棄物対策室」では、阪神淡路大震災の復興のノウハウの直伝を受け、学者の知恵を生かす態勢を取った。素早くがれきの総量を推計し、「現場で粗選別後、市内3ヶ所の搬入場にて細分化を行ない、出来るだけ資源化を行なう」と基本方針を据え、がれきの整理、仮設置き場の確保、処理施設の建設を進め、最終処分場も確保した(左の写真)。

浅利美鈴京都大学助教などの助けも借り、地元での徹底的な分別資源化体制を築き、2014年3月までに処理を完了させる。がれきに限らず、排出元での徹底した分別資源化が、ごみを減らし、有害物の排出を抑える。

一方、宮城県や岩手県全域で見ると、確かにがれき処理が進んでいない自治体もある。しかし仙台市の事例は、震災を受けた被災地でも「人」「物」「金」「技術」「知恵」の5つの条件を整えれば自前の処理が可能であることを示した。

全国の自治体に求められているのは、がれきの受け入れではなく、まず被災地自治体の自前の

搬入場の分別状況

市民自己搬入仮置き場

仙台市の分別・資源化を基本にしたがれき処理。(仙台市資料)

処理の5つの条件を提供することである。「力のある自治体」は不要不急の予算を被災地に振り向け、大量の職員を送り、被災地の地元企業や民間活力と協力しながら復興の手助けをしたい。

被災地のがれき処理をより困難にしているのは、放射能汚染が福島県外にも広がったことと、国や環境省のお役所対応にある。がれきを全国に運んで、汚染が全国に広がらないかという疑問に環境省は、広域処理の方針を下ろさず、燃やしてよいがれきの基準も示していない。その結果全国の自治体は、住民の不安に応えない環境省の提案に対し、ほとんどが受け入れ拒否を表明した。

〈「黙れ」で消せない汚染の不安〉

一方、石原都知事は、「放射能がガンガン出ていない」と受け入れ発表しているが、規制基準が示されない中で「測って何でもない」と言っても、都民は安心できない。

国の役人に「早く安全基準を示せ」の一言もなく、逆に東京都の処理に抗議した3000人近い人に「黙れ」というのは、トップの責任放棄でしかない。

東京都が2014年までに50万トン引き受けるというがれきの処理で、東京都が管理する埋め立て処分場に5万トン、残りの45万トンは焼却処理するという。しかし自治体の焼却処理は、区市町村の権限であり、東京都が頭越しに「決定」はできない。都の担当部署は、50万トンは区市町村の「引き受け確約量」の集計ではなく、事前調査した「処理能力可能な量」でしかないという（2011年11月16日現在）。

　都の50万トンの内容は、結局安全の確認も取らず、都内の産廃業者頼みでしかない。


〈バグフィルターで99・99％除去の嘘〉


　放射能汚染物は焼却処理可能という、世界の科学者も驚く環境省の見解。その最大の理由にしているのは、市町村の清掃工場の焼却炉には、バグフィルター（以下、バグ）などが取りつけられ、放射性物質は99・99％除去できるという仮説である。

　バグは、もともと焼却炉でごみを焼却したときに出る煤塵や有害物の除去装置である。環境省の発表では、そのバグを用いれば、ガスや微細なチリ状の放射性物質を除去できるというのであるが本当なのか。バグは、ダイオキシンの除去で注目を浴びたが、ダイオキシンや煤塵なども十分除去できず、破損やバイパス事故で有名である。それがいつの間にか放射性物質まで「99・99％除去できる」という。

　放射性物質は、焼却しても消えるわけでなく、極々微量でも有害性があり、遺伝子まで傷つける。ごみ焼却炉での排ガス規制や測定方法すら確立していない。「煙突からは出ない」は、まったくの絵空事である。

　環境省は、非公開の「災害廃棄物安全評価検討会」（以下、有識者会議）で「99・99％除去」は、了承されたとしていたが、事実は違っていた。

検討対象になった論文（※2）は、有識者会議の委員の一人である大迫政浩国立環境研究所廃棄物センター長が提出したが、放射性物質の除去がテーマではなかった。論題は、「都市ごみ焼却施設から排出されるＰＭ2・5等微小粒子の挙動」であり、喘息の要因とされた「ＰＭ2・5」という微細粒子がバグで「99・99％除去できた」という報告である。「99・99％除去」は、この記述が一人歩きしていたことが分かった。

喘息についての科学的な評価を行なうときでさえ、学者による1つや2つの実験結果から〝焼却炉にバグが備わっていれば喘息にはならない〟と結論を出すことは、戒められるべきである。ところが今回は喘息の実験論文をもって、放射性物質も除去できるとし、「バグを備えた全国の清掃工場で放射能汚染物を焼却してよい」と発表したのである。

有識者会議の複数の委員が、公開討論会の場に出席するというので、２０１１年11月4日に開催された廃棄物資源循環学会の講演会「震災に対して廃棄物資源循環学会が貢献できることは何か」に参加した。大迫政浩委員に、なぜ汚染がれきを焼却処理するのか尋ねたが、「放射能汚染が被災地だけでなく東日本に広がっていて、一般の生活ごみに汚染物は混じっている。放射能汚染されたものを焼却しないことになれば、すべて焼却できなくなる」と述べ、さすがに専門家の前では、「放射性物質は99・99％除去できる」とは述べなかった。

〈環境省、放射能汚染物の焼却を是とする支離滅裂〉

問題は、がれきだけではない。放射能汚染されている汚泥や草木などの生活ごみも燃やせば危険だということである。放射能汚染物の焼却によって、呼吸による内部被曝をもたらす空気の汚染は避けなければならない。クリアランスレベルに基づき、それ以上のものは燃やすなということだ。

原発事故によって環境中に放出された放射性物質は、風向きや地形によって各地に高い線量の地域、ホットスポットを作る第1の濃縮（地域濃縮）に加え、生活廃棄物（汚水、ごみ）用の処理場に集められ、汚泥と草木ごみが高濃度を示す第2の濃縮（生活廃棄物濃縮）が始まっている。第1の濃縮には、国や自治体でも除染作業について取り組みを開始したとはいえ、平均して山林70％以上の国土除染は大きな限界がある。

ところが第2の生活廃棄物濃縮に対しては安全策を講じることなく、焼却によって空気を汚し、汚染を拡散している。

除染に取り組み放射能被害を抑えようとする一方で、焼却処理によって二次被害を誘発する。国や環境省の処理策はまったく支離滅裂である。

今すぐ放射能汚染された生活廃棄物の焼却を止めさせたい。

東京都は下水処理場を管理し、発生する汚泥を焼却している。東部や南部スラッジセンターの周辺では、高い線量の汚染が報告されている。汚泥は十数年前には臨海埋立地に埋め立て処分してきた。それらの処分場を保管場所として使用し、天日乾燥などの乾燥処理で減容化を図り、焼却を避ける方法がある。
草木ごみの焼却をすでに止め、保管管理を進めている自治体も多い。世界的にも類例を見ない放射能汚染が進行中であり、汚染を抑える対策が大事だ。

〈引用終了〉

焼却ありき、密室で決定、見切り発車の災害がれき処理

これらの拙稿をきっかけに、東京新聞「こちら特報部」（2012年1月21日付）が、「焼却ありき密室で決定―『見切り発車』の災害がれき処理」という記事を掲載した（p73の写真）。

この記事の中では、非公開の「災害廃棄物安全評価検討会」（有識者会議）という密室の中で「①木くずなどの可燃物は、新たに放射能対策を講じなくとも既存の焼却施設で焼却可能。②放射性セシウム濃度が1kg当たり8000Bq以下の不燃物や焼却灰は、最終処分場に埋め立て可能、8000Bq超については一次保管」を決めていたことが報じられている。

その上で、有識者会議で酒井伸一京都大学教授が「机上の仮定の数字が多い」（同議事録）と発言し、批判が出ていたにもかかわらず「環境省は黙殺した」とした。

またそれに対して環境省廃棄物・リサイクル対策部が、「十分なデータがなかったが、方針はす

こちら特報部

ダイオキシン対策で整備

フィルター本当に安全？

放射性物質 除去性能に疑問も

環境省のパンフレットでは、バグフィルターによって「排ガスから放射性セシウムがほぼ100％除去されています」と紹介されているが…

環境省自ら「不十分」と認める状況下で、放射能汚染がれきを燃やすのは「人体実験」ではないのか。

大迫氏は「こちら特報部」の取材に「バグフィルターでのばいじんの除去率や、安定セシウム、安定ストロンチウムでの除去率の高さから、バグフィルターで十分除去できる、と検討会で判断した。安定セシウムの挙動は、放射性と同じになると考えていい。災害廃棄物を燃焼した試験はこの時点では行っていないが、災害廃棄物も通常の可燃物なので、性状が都市ごみと大きく異なることはない」と主張した。

環境省も「放射性セシウムの除去率は実際に99・99％だった」と反論する。その根拠を尋ねると、同省が昨年十一月末から十二月中旬までの間、福島県内六カ所の焼却施設で測定した結果を示された。そこには「除去率99・92〜99・99％」とある。しかし、これは、バグフィルター付近の測定結果から算定したにすぎない。投入したがれきに含まれていた放射性物質の総量は調べておらず、実際にどれくらい除去できていたのかは疑問が残る。

福島県での処理方針は、岩手、宮城両県の災害がれきの広域処理にも継承された。見切り発車した「福島モデル」が今や全国標準になったのだ。

岩手、宮城両県の災害がれきは、通常の年間量の十一〜二十年分に相当する約二千万トン。東京都と山形県が受け入れているが、そのほかの地域では住民の反発で調整が難航している。

環境省は、広域処理の安全性を必死にアピールしている。そこで振りまいているのが「バグフィルター安全神話」だ。住民向けのパンフレットには、バグフィルターの図入りで「放射性セシウムをほぼ100％除去でき、大気中への放射性セシウムの放出を防ぎます」と強調している。受け入れに反対する住民は「無知」と言わんばかりだ。

「ごみ問題に詳しい環境ジャーナリストの青木泰氏は静岡県や北海道などで、「バグフィルター安全神話」に疑問を投げかけている。

「バグフィルターではダイオキシンもすべて取り切れないのに、原子レベルの放射性物質が除去できるというのは、サッカーのゴールネットで野球のボールを捕獲できると言うに等しい暴論だ。焼却炉の煙突から放射性物質が放出されれば、その空気を吸った住民は内部被ばくする」

検討会のあり方については「技術的な検討の場を非公開にする理由は全くない。本来は二〜三年かけて検討を重ねなければいけない問題だが、環境省は、放射性物質が除去できるという実際のデータがないまま、がれき焼却方針を決めてしまった。方針を決めた後に実験でつじつまを合わせても、誰にも信用されない」と憤る。

では、どうするか。青木氏は訴える。

「バグフィルターで99・99％除去できるという説明は直ちにやめるべきだ。現在のように、汚染度にかかわりなく、何でも燃やすのは間違っている。受け入れの基準を早急に決める必要がある」

岩手県宮古市のがれき処理現場を視察する全国の自治体担当者ら＝昨年11月

東京電力福島第一原発事故の放射能に汚染された東日本各地の焼却施設で連日、ごみが燃やされている。岩手、宮城両県の災害がれきは地元では処理しきれず、全国で受け入れる計画が進む。焼却施設から放射性物質がま…ないのか―。…は薄弱だ。…災害がれきの…

焼却ありき 密室で決定

「見切り発車」の…

環境省 実証データ…

大きく言って①木くずなどの可燃物は、新たに放射能対策を講じなくても、既存の焼却炉で焼却可能②放射性セシウム濃度が一㌔当たり八〇〇〇㌴以下の不燃物や焼却灰は最終処分場に埋め立てが可能で、八〇〇〇㌴超については一時保管―の二つだ。

可燃物については「十分な能力を有する排ガス処理施設」との条件を付けた。「十分な能力」と…

…物焼却施設の排ガス処理装置におけるセシウム、ストロンチウムの除去挙動」と題した論文だ。二〇〇九年秋、バグフィルターを備えた「A自治体」の焼却炉で測定したところ、セシウムの除去率は「99・99％」という。だが、ここに登場するのは放射能を持たない「安定セシウム」と「安定ストロンチウム」。そもそも放射性物質をテー…

有識者のお墨付きを得た環境省は六月二十三日、この方針を正式決定した。後日公表された会議の議事録によれば、これらのデータについて「机上の仮定の数字が多い」（酒井伸一・京都大学環境科学センター長）と批判的な意見もあったが、環境省は黙殺した。

同省廃棄物・リサイクル対策部は「十分なデータはなかったが、方針はすぐ出さなければならなかった。ごみを燃やすこ…

東京新聞「こちら特報部」（2012年1月21日付）

ぐ出さなければならなかった。ごみを燃やすことができなければ都市生活は成り立たなくなる」と説明する。これはまさに「焼却ありきだった」と同記事は断罪した。

そして有識者会議で焼却容認をリードした国立環境研究所の大迫政浩廃棄物センター長の「災害廃棄物を燃焼した試験はこの時点では行なっていない」という発言や、環境省が示した99・99％除去が、「投入されたがれきに含まれていた放射性物質の総量は調べておらず、実際にどのくらい除去できたかは疑問だ」と結んだ。

そしてこの議論はネット上でもいろいろな形で取り上げられ、がれき広域処理への反対が約9割を占めた点に寄与できた。

※1：原子炉等規制法のクリアランス制度、第61条の二および第72条の二の二

※2：高岡昌輝京都大学准教授の論文「都市ごみ焼却施設から排出されるPM2・5等微小粒子の挙動」&レポート

第三章を振り返って

がれきの放射能汚染を隠し切れなくなった環境省が、焼却しても安全だという最大の根拠として持ちだしたのは、「清掃工場の焼却炉はバグフィルターを備えているから99・99％除去できる」という説明だった。初めて聞いた多くの人は、バグフィルターは放射性物質を取り除くための装置だと思ったに違いない。しかしバグフィルターは、単なる煤塵除去の装置でしかなく、放射性物質は除去できない。このことを私は週刊金曜日に書き、この記事を見た東京新聞の佐藤圭記者の「こちら特報部」の記事につながった。権力の嘘を見破り、チェックする輪がつながっていくことで、多くの人が、環境省の説明のウソを知ることとなった。

第四章

インターネットから既存マスメディアへと展開

インターネット上の情報は、それが正しく、事実に基づいていれば、一夜のうちに世界を駆け巡り、大きな力となる。一方、多くのネット上の読者は、科学的知見に対して判断を迷うことがあり、新聞、雑誌などのアナログメディアからの情報を判断の根拠とする傾向もある。

その意味で、前章で述べた「バグフィルターで99・99％除去できる」論という最重要問題がネット上だけでなく、週刊誌や新聞で取り上げられていった影響は大きく、がれきの広域処理が実際に始まろうとしていた2012年初頭には、当時自民党が実施していたアンケートで、ネットでは反対が2万に上り、賛成の10倍近くになっていた。

一方、2012年2月から3月にかけて、国・環境省は、がれきの広域処理について絆キャンペーンを本格化させ、諸政党や労働組合まで巻き込み、各新聞紙上でも、見開き全面を使って広告を掲載した（p78参照）。

いよいよがれきの広域化、焼却処理を巡る攻防は本格化する。

そしてこの時期、ネットでの注目の高さを背景にして、各週刊誌が連続的に特集などで取り上げた。それらの視点は、「がれきの広域化の必要性」「がれきの処理は被災地で行なうことが基本ではないか」「全国の市町村の清掃工場で焼却して、その後の灰をどこに埋め立てるのか」「市町村の埋め立て処分場は、放射性廃棄物を埋め立て処分する構造に作られてはいない。環境汚染することはないのか」など、多面的に取り上げられ、テレビでもテレビ朝日系「モーニングバード！」のコーナー「そもそも総研」が宮城県の担当者に取材し、「宮城県は県内処理が可能であり、広域化の必要がない」という主旨の発言が報道される。

自治体の86％が受け入れ困難を表明──全国自治体アンケート

がれきの広域化は、自治体が受け入れを了解することが、条件となる。共同通信ががれきの受け入れの賛否について全国調査を行ない、２０１２年３月４日に発表した。以下、記事の主要部分を引用する。

「東日本大震災をめぐり共同通信が実施した全国自治体アンケートで、岩手、宮城両県のがれきの受け入れについて、回答した市区町村の33％が『現時点では困難』、53％が『まったく考えていない』とし、全体の86％が難色を示していることが３日分かった。11日で震災１年を迎える中、放射性物質が拡散するとの懸念がくすぶり、広域処理は進んでいない。２０１４年３月末までに処理を終える政府目標の達成は困難な情勢だ。

調査は２月、都道府県と市区町村の計１７８９自治体を対象に実施。がれき処理関連は、１７４２市区町村のうち１４２２市区町村（82％）が回答した結果を集計した。

岩手、宮城両県のがれきは、これまでに青森県や山形県、東京都が受け入れ、静岡県島田市などで試験焼却が始まっている。アンケートでは、北海道、青森、千葉、東京の27市区町村が『受け入れを決めている』と回答。34都道府県の１２７市町村が『検討中』と答えた。一方、『検討

環境省
Ministry of the Environment
県 石巻市
みんなの力で
がれき処理
災害廃棄物の広域処理をすすめよう
環境省 広域処理情報サイト http://kouikishori.env.go.jp/
広域処理に関するお問い合わせ窓口：03-5333-8250(9:30〜18:15)
広域処理
検索

環境省が各紙に掲載した新聞広告。「復興を進めるために乗り越えなければならない壁がある」「2012 年 2 月 24 日　石巻市」「みんなの力でがれき処理」とアピールされている

しているが現時点では難しい』は466市町村、『まったく考えていない』は753市町村に上った」

「また都道府県と市区町村に受け入れの障害（複数回答）を聞いたところ『処理できる施設がない』が53％で最多。『放射性物質への懸念』（41％）、『地理的に運び込みが困難』（24％）、『処理能力を超える』（22％）、『汚染を心配する住民の反発』（20％）が続いた。人口50万人以上の都市部では放射性物質への懸念が目立ち、5万人未満の小規模自治体では処理できる施設がないとの回答が多かった。また東北から距離が離れるほど、運び込みが困難との答えが増えた」

「環境省の集計によると、岩手、宮城両県で発生したがれきの推計量は計2044万6000トン。2月27日の時点で焼却や埋め立て、再利用などの処理が済んでいるのは116万7000トン（6％）にとどまっている。福島県のがれき推計量は208万2000トン、処理済みは9万5000トン（5％）で、すべて同県内で処理する」（調査の方法＝共同通信社が1月26日、インターネット上に質問項目を掲載したページを開設。全国の都道府県と市区町村にメールでアドレスを送付し、回答を2月17日時点で集計した」（p81参照）

週刊誌5誌ががれきの広域化に批判記事

放射能汚染の拡散の心配をよそに、着々と進められた環境省によるがれきの広域化。2011年秋から2012年初頭にかけて、ネット上や受け入れに手を上げている自治体の住民の間で問

震災がれき
受け入れ難色86%
全国自治体アンケート
政府目標 困難に

東日本大震災をめぐり共同通信が実施した全国自治体アンケートで、岩手、宮城両県のがれきの受け入れについて、回答した市区町村の33%が「現時点では困難」、53%が「まったく考えていない」とし、全体の86%が難色を示していることが3日分かった。

11日で震災1年を迎える中、放射性物質が拡散するとの懸念がくすぶり、広域処理は進んでいない。2014年3月末までに処理を終える政府目標の達成は困難な情勢だ。

調査は2月、都道府県と市区町村の計1789自治体を対象に実施。がれき処理関連は、1742市区町村のうち1422市区町村（82%）が回答した結果を集計した。

岩手、宮城両県のがれきは、これまでに青森県や山形県、東京都が受け入れ、静岡県島田市などで試験焼却が始まっている。アンケートでは、北海道、青森、千葉、東京の27市区町村が「受け入れを決めている」と回答。34都道府県の127市町村が「検討中」と答えた。一方、「検討しているが現時点では難しい」は466市町村、「まったく考えていない」は753市町村に上った。

埼玉では県と54市町村が回答。このうち「検討中」は県と熊谷、本庄、久喜、日高、横瀬の5市町にとどまり、さいたま、川越など20市町は「現時点では難しい」、川口、行田など29市町村は「まったく考えていない」とした。

また都道府県と市区町村に受け入れの障害（複数回答）を聞いたところ「処理できる施設がない」が53%で最多。「放射性物質への懸念」（41%）、「地理的に運び込みが困難」（24%）、「処理能力を超える」（22%）、「汚染を心配する住民の反発」（20%）が続いた。人口50万人以上の都市部では放射性物質への懸念が目立ち、5万人未満の小規模自治体では処理できる施設がないとの回答が多かった。また東北から距離が離れるほど、運び込みが困難との答えが増えた。

（2面に関連記事）

県内自治体の対応

（県と54市町村が回答）

【受け入れを検討中】
県と4市1町＝埼玉県、熊谷市、本庄市、久喜市、日高市、横瀬町

【現時点で受け入れは難しい】
16市4町＝さいたま市、川越市、秩父市、加須市、鴻巣市、深谷市、草加市、越谷市、蕨市、戸田市、富士見市、三郷市、蓮田市、幸手市、吉川市、ふじみ野市、伊奈町、毛呂山町、川島町、神川町

【受け入れはまったく考えていない】
13市15町1村＝川口市、行田市、飯能市、東松山市、羽生市、朝霞市、和光市、新座市、桶川市、北本市、八潮市、坂戸市、鶴ケ島市、三芳町、越生町、滑川町、嵐山町、小川町、鳩山町、ときがわ町、長瀞町、小鹿野町、東秩父村、美里町、寄居町、宮代町、白岡町、杉戸町、松伏町

埼玉新聞 2012 年 3 月 4 日付（共同通信配信）

題意識が高まっていたこともあって、2012年3月、国と環境省が全国の自治体に広域化を呼びかけると同時に、週刊誌5誌（「週刊女性」「SPA！」「フライデー」「週刊文春」「週刊金曜日」）で、批判意見の特集が組まれた。下記に紹介する。

あえて問う、ガレキを全国にばらまくのか――震災復興不都合すぎる真実

「週刊文春」（2012年4月5日号）

こう銘打って田中康夫衆議院議員、泉田裕彦新潟県知事、松本健一元内閣参与の鼎談を掲載したのは週刊文春。

まず、なぜ大震災から1年経過しているのに、がれき処理が7%しか進んでいないのか、という疑問が呈された。広域処理が進んでいないというより、全体計画が進んでいないことが問題であり、阪神淡路大震災のときには1週間で復興庁が立ち上がったのに、今回は1年がかかっている。しかも被災地の現地に作られず、東京に作られたのはおかしいと、国と環境省の広域処理政策の問題を指摘した。

また、そもそもがれきの広域処理は必要なのかについて、議論がなされている。

田中氏は、自身のブログ（田中康夫 official Web Site）で、次のように述べている。

「みんなの力で、がれき処理　災害廃棄物の広域処理をすすめよう　環境省」。数千万円の税金を投じた政府広報が昨日6日付「朝日新聞」に出稿されました。それも見開き2面を丸々用いたカラー全面広告です。

〝笑止千万〟です。何故って、環境省発表の阪神・淡路大震災の瓦礫は2000万トン。東日本大震災は2300万トン。即ち岩手・宮城・福島3県に及ぶ後者は、被災面積当たりの瓦礫（がれき）分量は相対的に少ないのです」

「静岡や大阪等の遠隔地が受け入れるべきは『フクシマ』から移住を望む被災者。岩手や宮城から公金投入で運送費とCO$_2$を拡散し、瓦礫を遠隔地へ運ぶのは利権に他ならず。良い意味での地産地消で高台造成に用いるべき。高濃度汚染地帯の瓦礫&土壌は『フクシマ』原発周囲を永久処分場とすべき」

週刊文春誌上の議論では、田中氏は、当時の細野豪志環境大臣を指して「全体の20%を全国で処理してこそ『絆』だ、受け入れられない自治体はけしからん、非国民だという風潮です。しかし1年たっても目途が見えない震災・原発対応への失政を覆い隠すキャンペーンに思えてなりません」と本質を突いた意見をのっけから投げかけている。

泉田知事も県知事として、環境大臣に対し、処理量の現状からいって広域処理は必要ないのではないかという疑問点や、放射性廃棄物の処理について質問状を出し、その内容を新潟県のホームページで紹介していた。

泉田知事は、文春の議論の中で、次のように発言している。

「地元の首長の皆さんの話を聞いてみると『全国にお願いするより、地元でがれき処理したほうが早くできる。量もこなせるし、地元での雇用も生まれる。でも県や国にお願いしても予算が下りない』というのです。たとえばがれきを使って防波堤を作りたいと言う首長さんもいる。でも全部実現しないんです」

これに対して松本氏は、

「誰のための復興なのかがはっきりしていないんです。たとえばがれきの処理をゼネコンに任せると、重機や人も全部東京から持ってくることになる。仕事を失った地元の人間を使わない。これはおかしい」

と答え、これに泉田氏の、

「中越地震のときの経験でも、崩れた山、川の復興、産業の建て直しで、膨大な仕事が発生するんですね。なるべく地元の人にやってもらう。これは、経済面に加えて、復興に向けてのやりがいという、心のためにもいいんです」

という発言が続き、総じて3人による鼎談は、がれきの広域化がそもそも必要ないし、むしろ地元でがれきの処理事業を行なうほうがよい、という結論に至っている。これらは田中氏のブログでの発言「現場では納得出来ないことが多々有る。山にしておいて10年、20年掛けて片付けた方が地元に金が落ち、雇用も発生する。元々、使ってない土地が一杯あり、処理されなくても困らないのに、税金を青天井に使って全国に運び出す必要がどこに有るのか？」にまとめられるものだ。

また放射能汚染の問題についても議論がなされ、泉田知事が知事会見で言った「どこに、市町村ごとに核廃棄物処理場を持っている国があるか。ＩＡＥＡ（国際原子力機関）の基本原則で言えば、放射性物質は集中管理をすべきだ」の発言を引き合いに出しながら、放射能汚染のおそれのあるがれきの広域化に反対していた。

そしてこのまま汚染廃棄物を広域化し、拡散することになれば、「このままでは将来、アスベスト以上の悲劇を生み出します」と田中氏が指摘し、泉田知事は、「かって新潟県の阿賀野川では、『第二水俣病』が発生しましたが、きわめて似た構造を感じます。（中略）同じことを繰り返してはいけない」と発言した。

ガレキ受け入れは被災者支援にならない――住宅と雇用のほうが必要！　広域処理でカネが地元に落ちない――

「ＳＰＡ！」（２０１２年４月３日号）

ＳＰＡ！では、東京都が受け入れを発表したがれきの発生地、宮城県・女川町に取材し、「テレビや新聞の報道、野田首相や細野環境大臣らの説明を聞いてみると『被災地はガレキまみれ』『復興はまずガレキは処理をしないと始まらない』との印象を受けるが、現実は違うようだ」「女川町ではガレキがほとんどが撤去され、仮設置き場に搬入済み。生活圏内にガレキの山は見られない」と報告したうえで、地元住民の次のような意見を紹介している。

「全国の人たちの支援はありがたいが、ピントがずれている。ガレキは片付いたし、今は住民の雇用の場を創出してほしい」

「ガレキ処理よりも道路の補修や高台移転を支援して」

「住民の足だった鉄道を早く復旧させて」

などと、ガレキの処理に偏った政府の財政支援への不満を口にしていたことが報告されていた。

宮城県は、県内の被災地を4つのブロック（石巻、気仙沼、亘理・名取、東部）に分け、女川町は、石巻市・東松島市とともに石巻ブロックに分けられていた。記事から半年後の2012年秋、筆者が女川町を訪ね、がれきの担当課長に、なぜ処理経費の高い東京に運んで処理するのかを尋ねたところ、「東京に運べば高くなることは承知している」とした上で、「石巻市での処理が手一杯で、石巻ブロックで処理できないからだ」と話した。その石巻市が、がれきの量が半減したと発表していることを伝えると、「そのようなことは聞いていない」と答えた。市町村の現場の担当者すら疑問に考える広域化が進められていた。

またSPA!でも田中康夫氏に取材し、「よい意味での『地産地消』のガレキ処理で、地元に雇用を生み出し、被災地の復興を目指すべきです」とのコメントを紹介、さらに「森の防潮堤」を提唱する生態学者・宮脇昭氏の次のような意見を紹介していた（一部要約）。

「がれきはゴミではありません。貴重な地球資源です。今の報道を見ていると『がれきは焼いて処理しなければならない』というように思えますが、それは無駄の極みです。燃料を使って、被災地外までがれきを運び、燃料を使って焼却する。当然、二酸化炭素も有害物もたくさん出ます。こんなことを莫大なお金を使ってやる必要はありません。がれきは焼かずに資源として有効利用すればよいのです。第二次世界大戦後のドイツでは、戦災がれきを使って、各地に都市林を造成しました」

「'72年のミュンヘン・オリンピックの会場もそのひとつです。がれきを土と混ぜた通気性のよいマウンド（土塁）は、緑地作りにとって、最高の土壌になります。……私は、三陸海岸沿いに南北300㎞の『森の長城』を築くことを提案しています。震災がれきと土を混ぜ込んで、幅100メートル、高さ10～20メートルの堤を造り、そこにその土地本来の樹木を植えれば、十数年後には、高さ40～50メートルの緑の防潮堤ができます。かかる費用は270億円程度。何千億円もの税金を使いガレキを焼いてしまうのは、最低の下策です」

放射性廃棄物が埋められた土地が住宅、公園、畑になっていた

「フライデー」（2012年4月3日号・ジャーナリスト・井部正之）

フライデーは、少し視点を変えて、「細野豪志環境大臣が各自治体にがれき受け入れを勧めて

いるが、「とんでもない」として、三重県四日市市の廃棄物埋め立て地の「その後」を取材している。がれきの広域化は、全国の市町村の清掃工場の焼却炉やそこで発生した焼却灰などを埋め立てる最終処分場を利用してがれきを処理する、という提案だった。従って、放射能に汚染されている可能性の高いがれきを燃やしたとき、焼却炉周辺の環境中に放射性物質が放出されないかという点が問題となった。

次に、放射性物質が濃縮された焼却灰を、市町村の最終処分場に安全に埋め立て処分できるかという点が問題となった。環境省の通知では、従来のクリアランスレベル「100Bq」の80倍高い濃度のものまで埋め立ててよいとなっていた。

ここでは、その埋め立て処分場に汚染物を埋め立ててよいのかを問うている。フライデーは「このままいくと震災がれきの広域処理は当然という世論が作られていくと思いますが、その後のことを考えてほしいんです。環境省に放射性廃棄物を管理することなどできないのです」という吉川美津子「廃棄物処分場問題全国ネットワーク」共同代表の発言を紹介。そこで考えられる問題を、2005年に問題となった「フェロシルト」の埋め立てを具体例として挙げ、検討している。

大手化学メーカーの石原産業が製造・販売していた土壌補強材「フェロシルト」は、放射能汚染物質である酸化チタン廃棄物を含んでいた。同社は100万トンを45ヶ所に不法投棄、大きな問題となっている。その後、国が「しっかりと管理させている」という処分場跡地の様子を吉川氏と井出氏が調査したところ、跡地が現在、公園や畑、住宅地となっている様子がフライデーで報告されていた。

実際、廃棄物資源循環学会でも、この点について心配する議論があった。市町村が埋め立て処分している最終処分場は、約30年の使用を考え、埋め立てた後の跡地利用を考えているが、放射性物質は、たとえばセシウム134は半減期が30年であり、ストロンチウムでは何千年にもなる。つまり市町村の埋め立て処分場は放射性物質の処分など想定して作っていない。間に合わせ的な発想での埋め立て処分の危険性を、この井部報告では下記のように、続けてレポートしていた。

土地を保有している不動産業者や住んでいる住民を訪ね、

「住民に聞いても、自分の土地や近隣に放射性ゴミが埋まっていることをみんな知らないんです。放射性廃棄物があるのに、飛散しないような措置や流出防止もしていない、ずさんな状況です」

という彼らのコメントを紹介。

その上で、放射能汚染のおそれがあるがれきを全国に運んで焼却し、その焼却灰を各地の処分場に埋め立てたときの危険性として、「放射能汚染された土地を将来にわたって、どのように管理するかというノウハウなど誰も持っていない。つまり四日市の処分場跡地と同様に、まったく管理されないまま住宅地などに転用される可能性がある」と指摘している。

「原発は廃炉に!ガレキは燃やすな、動かすな」山本太郎緊急インタビュー

「週刊女性」（2012年3月27日号）

「今日まで決定的な地震がないのがラッキーなだけ。地震大国の日本は、今地震の活動期であり、リミットが近づいているのは確か。原発を廃炉にする以外生き残る道はない」

「ガレキがあるので復興が立ちゆかないのではありません。広域処理するのは、2割。その2割のために復興が進まないなんてことはない。どうして急ぐのか。ガレキ処理に1兆700億円という予算がついたから。これを3年以内に使い切らなきゃならないのです」

こう指摘した山本太郎氏（現参院議員）は、今がれきを燃やしている炉は、放射性物質に対応できておらず、非常に危険だと言い、「今一番やらなければならないことは、ガレキをバラまくのを止めること。被災地で燃やすこともだめということ」と主張した。

では、どうすればよいのかの問いには、

「ガレキは研究が進むまでその場に置いておくべき。10年、20年という長期間で、地元で処理する構図になればいいのです」

そして、「今は間違った復興だらけだ」と語気を強め、「僕は、当たり前のことしか言っていない。風評被害を作り出しているのは、ちゃんとした測定をしない政府であり、本当に実害があるのに賠償しないやつらです」と話した。最後は、「子どもというのは僕たちの未来です。子どもの未来がないということは、この国の未来もない。子どもは守らなきゃいけない」と結んでいる。

10ページ総力特集 放射能と暮らす「覚悟」

山本太郎（37）緊急インタビュー

いま、やるべきことは――「原発を廃炉に！ガレキは燃やすな、動かすな」

今年2月に1年を振り返ったノンフィクション『ひとり舞台 脱原発―闘う役者の真実』（集英社）を出版。4月4日から美輪明宏主演の舞台『椿姫』に出演。春には主演映画『EDEN（エデン）』も公開予定

シンも数値化されて規制値が出るまで2～3年かかった。なのに放射性物質はどうしてこんなに早く安全と言えるのか。〝不検出〟が出続けば、逆におかしいと、専門家なら不具合を疑うそうです」

とにかく、ガレキはそのままにしておくべきと強調する。

「バンバン燃やしているのは、国民の病気の比率を上げて、政府による補償・賠償を極力少なくするため。関東まではホットスポットが多くて病気の比率は上がりましたが、さらに放射線とは関係なしというため。〝陰謀論〟でもなんでもない。動かさない、混ぜないというのは、放射線防護学では当たり前。大丈夫と言っている学者は、見切り発車ばかりで、全員排除すべき。いま測っているのはセシウムだけであって、ほかにもプルトニウムやストロンチウムなどもあり、とてつもない毒かもしれない。危険だと声をあげるほうがバッシングを受けます。きっと原発マフィアから研究費とかのお金をもらっているのでしょう。まともな学者なら海外の意見と一緒」

では、どうすればいいのか。

「ガレキは研究が進むまでは、その場に置いておくべき。10年、20年という長期間で地元が処理する構図になればいいのです。処理する期間を長引かせて、1兆700億円を被災地に長く落ちるようにする。震災1か月後に陸前高田市は自分たちで炉を作らせてくれと言ったのですが、岩手県に断られたそうです。なぜなら、最初から広域処理ありきだったから」

いまは間違った復興だらけだと語気を強める。

「僕は当たり前のことしか言っていない。風評被害を作り上げているのは、ちゃんとした測定をしない政府であり、本当に実害があるのに、賠償をしないやつらです」

「子どもの未来のため」に闘っているという山本は独身。子どもはいない。しかし――。

「子どもというのは、僕たちの未来です。子どもの未来がないということは、この国の未来もない。子どもたちは守らなきゃいけない」

最後に、これから気をつけるべきことを聞いた。

「読者は、子どもにはマスクをさせてほしい。福島の花粉から25万ベクレルという数値が出た。花粉も砂も遠くから飛んできます。食べ物や飲み物はもちろん、花粉もブロックしないと。枝野官房長官（当時）は〝ただちに影響はない〟と言いましたが、ただちに影響はないけど、後のことはわからないとハッキリ言ってくれているんですから」

53 週刊女性

週刊女性 2012年3月27日号

週刊金曜日「亡国の日本列島放射能汚染」（2012年3月30日号。後掲）を加えた5誌の週刊誌によるガレキ問題についての報道は、これまでのネット上の議論や一部の新聞報道を受け、識者を選び、国や環境省が進めるガレキの広域化や焼却、その後の埋め立て問題への議論を深める内容となっていた。

がれき広域処理は、国や環境省が大手メディア対策を行ない、絆キャンペーンの下、がれきの広域化に協力しなければ、被災地の復興は始まらない。広域化に協力することが被災地の復興につながるという世論作りを行なってきた。

そこでは、放射能汚染は棚上げされていた。そういう状況下で、そもそも広域化の必要があるのかという点に論点を戻し、議論を正しい方向に発展させる内容が、週刊誌で報じられた。

これを第一歩にし、市民活動の高まりを背景に受け、次にはテレビ朝日「モーニングバード！」でこの問題が取り上げられることになった。

宮城県のがれきは処理できる　テレビ朝日系「モーニングバード！」（2012年4月19日）

テレビ朝日系「モーニングバード！」のコーナー「そもそも総研」は、「そもそもガレキは本当に広域処理しなければならないのか」をメインテーマとして15分にわたる分かりやすい放送を行なった。

このコーナーを担当する玉川徹キャスターは、広域処理がこれまでと違う点は、放射能汚染問題であり、そのために処理が進まないとした上で、新たな視点を提示している。被災地で処理できれば広域処理は必要なくなるわけだから、被災地で現状に上乗せして処理できないのかという「そもそも」の疑問だ。

問題を整理するうえでの第1の疑問点として挙がったのは、阪神淡路大震災の際には、発生したがれき全体の1980万トンのうち、広域処理は7％の144万トンだったのに対し、今回は2250万トンのうち約20％の400万トンにもなるが、なぜ今回は広域処理量が多いのか、というものだ（図表1）。

総量はどちらも約2000万トンと、大きな差はない。広域化量がなぜ今回は増えたのか。環境省に質問をぶつけると、「阪神淡路大震災の際には、コンクリートとアスファルトが多かったため」と答えた。

第2の疑問点は、3年以内にがれき処理を終えるという予定について、処理する期間をもう少し延ばせば、地元での処理ができるのではないか、というものだ。

その問いについては、がれき総量400万トンから試算し、9ヶ月を伸ばした3年9ヶ月であれば、地元での処理が可能であると説明した。

広域処理を予定している2県のがれきの内訳は、図表2のようになっていた。

大半の85％を占める宮城県の担当者である震災廃棄物対策課・笹出陽康課長に取材し、それらの疑問点について尋ねたところ、「宮城県もできるだけ地元でやりたい希望を持っている」と答えた。そして、宮城県内でもがれきの処理量を4つのブロック（気仙沼、東部、亘理・名取、石巻）に分けて行なっているが、県内での処理可能量によって、広域化量はそれぞれ、気仙沼ブロック0万トン、東部ブロック6万トン、亘理・名取ブロック44万トン、石巻ブロック294万トンと違っている。一番多い石巻地区を除く地区では、処理が進んでいるところもあり、やりくりをすれば可燃物については処理できると話した。

一方、不燃物は埋め立て処分でき、地震のため地盤沈下しているところでは、かさ上げのために利用できる。したがって、可燃物は県内で処理可能だという担当者の発言は、「宮城県では広域化の必要はない」と言ったに等しい重大発言だった。担当課長は自らの発言内容は、知事も了解済みだと述べている。

この件で玉川キャスターが、環境省の廃棄物・リサイクル対策課・山本昌宏課長に取材。環境省は地元の希望に基づき動いているので、地元ができると言えばそのようにしたいと答えた。

この「モーニングバード！」の放送は、これまでのネット上での論議や、1ヶ月前の3月26日に全国の市民団体と環境省が行なった会議、さらに週刊誌などでの報道を正確に踏まえたもので、がれき広域化問題における重大なスクープ報道だった。

最後に、5誌目の週刊誌報道である「週刊金曜日」に掲載された拙稿を転載しておこう。2ページ立ての短い文章に、多くの情報を盛り込んでいるので、想像力で補いながら読んでいただきた

図表１　阪神淡路大震災と東北大震災との比較　(単位トン)

	がれきの総量	広域化予定量	%
阪神淡路	1980万	144万	7
東日本大震災	2250万	400万	20

図表２　広域処理を予定しているがれきの内訳　(単位トン)

	がれき総量	広域化量	(割合)
宮城県	1573万	344万	(85%)
岩手県	476万	57万	(15%)
福島県	201万	無	
合計	2250万	401万	(100%)

がれきの総量は発表のたびに変更され、2012年3月の時点では、当初の2400万トンから2250万トンに減っていた。

い（笑）。

亡国の日本列島放射能汚染　震災がれき広域処理

「週刊金曜日」（2012年3月30日号）

がれき（災害廃棄物）についての講演会で、関東や福島の「汚染地」から避難してきたお母さんたちに会った。その避難先では、母子を追いかけるように、がれきの受け入れ要請が政府から来ている。

一時避難のつもりで訪れた秋田県で、子どもが屋外でのびのびと遊ぶ様子を見て、福島から秋田に避難を決めたNさん。神戸市の講演会後の座談会に出席した、幼子を連れたおなかの大きいHさんは、千葉県に連れ合いを残しての避難だった。

〈広域化キャンペーン〉

東日本大震災から1年。福島第一原子力発電所から放出された史上類例を見ない放射性物質。避難先を求めた母子だけでなく、多くの家族が、毎日の生活の中で、放射能防御に気を配る生活を送っている。その中を「がれき受け入れ推進キャンペーン」が飛び交っている。

復興が進まぬ理由を、地方自治体ががれきを引き受けないからと決め付ける政府。受け入れに手を上げた静岡県島田市の桜井勝郎市長は、最近、競争入札妨害で敗訴した悪役から一躍、被災地に心を寄せる英雄のようにもてはやされている。

1兆円を超える巨額の予算を後ろ盾にした大キャンペーンだが、共同通信社の調査では、86％の自治体が受け入れ困難を表明している。汚染がれきの安全な処理に責任を持てないからである。これに対し、NHKでは、市民の57％が受け入れ賛成と報道している（2012年3月13日）。

復興のためには、がれきの処理は不可欠である。しかし、被災地3県のうち、全国・広域化の対象になっているのは、岩手で1割強、宮城で2割強に過ぎない。過半は地元で処理する計画である。

ところががれきの処理は、1年経過しても全体でまだ7％しか進んでいない。阪神淡路大震災のがれき処理は、1年で50%が終わっていた(東京新聞・2012年3月20日付)。これに較べると、今回の遅れ方はまったくひどい。がれきの処理を遅らせ、被災者に暗い影を落としている本当の原因は、国や環境省による計画の遅れにある。

2012年3月26日の院内交渉では、環境省はがれきの処理の遅れの責任を問われることを怖れてか、仮置き場への移動は総じて完了し、がれき処理は「順調」に進んでいると発表した。がれき処理の遅れを取り戻すために、広域化支援をと宣伝している細野豪志環境大臣は、官僚からはしごを外されてしまった。

〈汚染チェックなし〉

広域処理に当たって、一番最初に考えなければばならないのは、がれきがどれだけ汚染されているか、処理処分によって安全確保ができるかという点である。

ところが環境省は、汚染は福島県だけにとどまるとし、岩手県、宮城県のがれきは広域化するとした。

しかし両県も汚染されていることが判明する。

昨年7月、食品の暫定基準値を超えた牛肉汚染がみつかったが、露天に置いた数万Bqにも上る稲わらを食べさせたことが原因だった。

各地の空間線量に基づいて作られた放射線地図（早川由紀夫群馬大学教授作成）でも、両県の高濃度汚染が確認できる。さらに、放射性物質が付着した草木ごみを焼却することにより、両県の市町村の焼却炉の焼却灰も高濃度汚染されていた。

数々の事実から岩手県、宮城県の露天に長く置かれていたがれきは、間違いなく汚染されていることが推測できた。

〈「広域」利権?〉

さらに広域処理は、経済性も無視している。

これまでの阪神淡路大震災や中越地震によるがれき処理では、1トン当たり約2万円のコストである。ところが広域化して東京都に持ってきたがれきの処理費は、3倍の約6万円もかかっている。

また今回の処理経費の総額は、3県で1兆7000億円だが、2県のがれきの総量は、2250万トンでしかなく、従来ならば、約5000億円前後の予算ですむ。

予算を巨額にしているのは広域化だが、広域化は、2県の2割ほどでしかなく、その分の増額分(400万トン×4万円)を考えても6400億円ぐらいにしかならない。

広域化は、地元の復興につながらず、全国に金をばら撒く政策である。地元でがれきの処理プラントを造ろうとした岩手県陸前高田市の取り組みにストップをかけ、宮城県仙台市が、地元自前のがれきの処理に取り掛かかる目処をつけた取り組みを、被災地全体に普及させていない。

〈放射性物質は、廃棄物施設では処理できない〉

放射性物質は、焼却しても埋め立ててもなくなるわけでない。通常のごみ焼却施設や埋め立て処分場である廃棄物処理施設は、放射性物質を処理することを想定して造られていない。

焼却施設のバグフィルターは、煤塵除去のため設置されたものであり、埋め立て処分場にある、雨が降ったときの浸出水の処理設備も、放射性物質の除去処理はできない。このままがれきの全国化・広域処理が進めば、日本列島を放射能汚染列島にすることになる。

実際、ごみ焼却炉での焼却において、放射性物質はバグフィルターなどで99・99％除去できるという説は環境省の有識者会議の場で、京都大学の酒井伸一教授から「机上の仮定の数字」と批判されている。

また環境省の担当者が放射性物質についての実験データなしに言っていたことを認めたと報道されている（東京新聞・２０１２年1月21日付）。

〈試験焼却の虚実〉

読売新聞は、２０１２年3月16日、島田市の震災がれきの受け入れ表明に対して、「受け入れを検討している自治体の背中を後押ししたのは間違いない。同市の試験焼却後、県内では試験焼却（溶融）の実施を表明する自治体が相次いだ」と報じた。

しかし新聞が賞賛している島田市の試験焼却の実態は大きく違う。「試験焼却」の結果煙突からの煙は「ＮＤ（不検出）」と報告されているが、これは、「０」（ゼロ）ではない。測定器が測定できる値以下だったということでしかない。

焼却炉の排ガス流量は膨大であり、島田市の場合は、１時間当たり約２万㎥と報告されている。排ガスの流量から考えると、１日約４００万Bqのセシウムが環境中に排出される。島田市の試験焼却データからは、バグフィルターの捕捉率は、60～80％という報告もある。

通常「試験」は、合否を問うものである。しかし、この種の「試験」は合否の基準がなく、がれき受け入れのデモンストレーションでしかない。

また島田市の事例でいえば、最終処分場の浸出水を処理した後の放流水を受ける土壌から１kg当たり３００Bqのセシウムが、地質学の専門家である大石貞男氏の調査によって、検出された。汚染茶の焼却による影響ではないかという地元での指摘もある。大井川を汚染し、河川敷伝いにつながっている地元の上水道取水口に影響を与える可能性もある。

がれきの処理には、安全基準を早急に設け、危険物は処理せず原子力施設周辺に保管し、危険でないものは、地元の雇用対策をかねて地元処理を行なうべきだ。広域化は被災地の不幸をそのままにし、汚染を全国に広める亡国の政策である。

〈引用終了〉

第4章を振り返って

国の現体制を支える政・官・業・学・報による絆キャンペーンの下、がれきの広域化が進められた。

本来、体制のチェックの役割を持つべきマスメディアが体制に迎合する状況にあっても、一部の新聞やテレビ、週刊誌などが、がれきの広域化の隠された事実を取り上げ、これが広域化問題の決着にとって、大きく影響した。

米国の住民運動は、しばしばインターネットを起点にミニコミや週刊誌↓新聞↓テレビの流れを作り出すことで、成功を収めてきた。インターネットは、問題とされている事柄について、関連する情報を突きつめ、真実がどこにあるのかを明らかにし、それを広く伝えるという点で、大きな役割を持つ。ただ、賛否の議論は、一定の専門知識を必要とすることが多い。そのとき、雑誌など既存のメディアに記載された情報は、ネットの読者にとっても参考になる。その意味で、週刊誌や地方新聞の役割が、改めて注目される。ネットと既存メディアの、真実に向かう双方向の流れを、どうすれば作りだすことができるか。それが今回の課題となった。

ちなみに今回、国が否応なく進めた広域処理に注目が集まったが、被災地の地元では前章で紹介した仙台市だけでなく、東松島市をはじめ多くの市町村が、資源化や被災者の雇用促進を考え、処理事業に取り組んでいたことを付記しておきたい。

第五章

インターネットが各地の「草の根の闘い」を結んだ

広域化がれき総量400万トンのうち、約8割強の344万トンの広域化を予定していた宮城県の担当者が、テレビで「がれきは県内で処理できる」と発言し、知事も同じ見解であると付け加えた。しかし環境省は、この報道について正式な見解発表をすることなく、また他の大手メディアも追跡取材することはなかった。広域処理を中止するという話も聞こえてこない。逆に岩手県のがれきが増加したという、摩訶不思議な情報が流れてきた。

まともな社会ならば、被災県の担当責任者が、「広域化は必要ない」とテレビで発言した段階で、広域処理は、少なくとも見直し検討の対象になっていい。

ところがそうはいかないのが、今の日本である。官僚たちが一度、方針として決めると、矛盾があっても蓋をかぶせられ、進められていく。

市民が声を上げ、メディアによる監視を強めないと、方針を変更することは難しい。

ただし、これまで述べてきたように、がれきの広域化は、環境省が方針を決め、都道府県が協力する姿勢を示しても、市町村が反対すれば受け入れは始まらない。受け入れの権限は市町村にあるからだ。こうして受け入れを巡っての攻防は、導入が予定されている全国各地の市町村に舞台が移った。

この章では、少し時間をさかのぼりながら、国・環境省と住民や市民との攻防を振り返ってみる。がれきの広域化は、次のような過程を経て本格的に実施されることになった。

２０１１年６月　「災害廃棄物安全評価検討会」が焼却と広域化を決定
８月　議員提案による「震災がれき処理特措法」が成立
９月　閣議決定
11月　復興資金によるがれき処理の予算が成立
２０１２年１月　「放射性物質汚染対処特別措置法」施行

すでに東京都の石原知事は、２０１１年末に受け入れを表明していたが、実際に受け入れたのは、東京電力関連会社の産廃業者だった。一般廃棄物を取り扱うのは市町村であるため、これ自体、異例のことだ。自治体での受け入れで焦点化されたのは、神奈川県、静岡県島田市、そして東京二十三区清掃一部事務組合であった。

神奈川県では、がれきを受け入れ焼却する自治体は、横浜市、川崎市、相模原市の３政令指定都市だった。同県の場合、３市とも、焼却灰については市内の処分場では処理できないとしており、横須賀市芦名にある、県が管理する最終処分場「かながわ環境整備センター」（以下、芦名処分場）で焼却灰を受け入れることが受け入れ条件となっていた。

前年の統一地方選で、太陽光発電設備の２００万戸への設置など、再生可能エネルギーの普及・活用を訴えて当選した黒岩祐治知事が、神奈川県内で２０１２年１月から３回の説明会を開催し、芦名での受け入れの説得にあたった。

震災がれき

安全基準の根拠を

神奈川知事、首相に要請

東日本大震災の被災地で発生したがれきの受け入れ処理の計画が難航している神奈川県の黒岩祐治知事は六日、東京・永田町の首相官邸を訪れ、野田佳彦首相に対し、がれきに含まれる放射性物質の安全基準などについて、政府が法的根拠を示すよう要請した。野田首相は「早急に取り組みたい」と応じた。

黒岩知事は会談後、「首相の返事はすぐ出ると確信している。（東

野田首相への要望後、記者団の質問に答える黒岩知事＝東京都千代田区で

日本大震災発生から一年の）三月十一日を区切りとして前進できるようにお願いした」と述べた。

ただ、同県ががれきの受け入れ処理を実施する時期については「まだまだ先。法的根拠が出たら、すぐに受け入れが始まるわけではない」と述べた。

がれきを焼却した後に出る灰の埋め立てを予定する同県横須賀市の県産廃最終処分場の周辺住民が、受け入れに反発していることについては「信頼醸成には時間がかかる」と述べ、時間をかけて説得する考えを示した。

東京新聞（2012年3月7日付）

静岡県島田市では、2月に試験焼却を行ない、3月に市長が受け入れを表明、受け入れを巡る攻防が開始された。

東京都では、東京二十三区清掃組合の太田清掃工場で試験焼却が1月末に行なわれ、その結果を見て、2012年度（4月1日～）から受け入れを開始するとした。

3月には当時の野田佳彦首相から全国の都道府県知事に、細野環境大臣からは、市町村長にがれきの広域化の受け入れ要請書が発せられた。受け入れに賛同、積極的な市町村では、放射能汚染のおそれに対して、心配する市民や議員が情報の把握に動き始めた。議会で質問したり、市民の一部は、筆者を含む専門家や学者などとの学習会や講演会の開催準備を始めつつあった。

これら神奈川県、島田市、東京都の3自治体

での動きは、同様に受け入れ問題を抱える自治体では、大きく注目された。

一方、がれきの広域化について問題意識を持つ市民や市民団体では、当該市町村の意思決定を気にしつつも、環境省と直接交渉し、疑問点について聞いてみたいという声が多くなっていた。

そこで、全国からの要望を受けて、環境省との交渉が衆議院第1議員会館で2012年3月26日に行なわれた。これは社民党の服部良一衆院議員（当時）の斡旋によるものだ。約1週間のうちに集まった全国2000人分の団体・個人の賛同の下、全国から参加した200名で行なわれた。この交渉の後、集会を準備した団体は、「放射性廃棄物拡散阻止！　326政府交渉ネットワーク」（以下、326交渉ネット）として活動を続けることになる。

326交渉ネットの結成をきっかけに、全国で草の根の市民団体の結成が相次いだ。例えば北九州市においては、がれきの受け入れを検証する「北九州市市民検討委員会」が結成され、がれき受け入れ反対活動が展開され、全国から注目を集めることとなった。

各地での草の根の闘いが活発化する中で、専門家も環境省が進めるがれきの広域化の全体像にメスを入れ始め、がれきの広域化がそもそも必要なかったことや、後述する県内処理と広域処理に二重にカウントすることで、広域化量が水増しされていた不正を見つけていくことになった。

神奈川県が受け入れ計画撤回

国・環境省と市民との本格的な攻防は、2012年1月から神奈川県を皮切りに始まっていた。

神奈川県での攻防は、知事が開催した説明会（地元町内会・横須賀市・神奈川県庁）をめぐり、市民団体と、国・環境省ほか、がれきの広域化を推進する勢力とで総力戦の様相を見せた。同県で受け入れの帰趨を決めたひとつの要因は、焼却灰の埋め立て処分地の候補となっていた横須賀市芦名での動きだ。同地の自治会長が「ベクレルだかシーベルトだか言われているが、訳の分からないものを埋め立てさせるわけにはいかない」と自治会内で発言。埋め立て処分場の周辺自治会が反対声明を出し、黒岩知事は、2012年2月17日、「前に出した案は撤回せざるを得ない。同じことを繰り返しお願いすることはない」と、がれき受け入れの現行案を撤回することを表明した。そして黒岩知事は、放射性物質を取り扱う上で、安全基準すらあいまいな国に対して、基準の根拠を問う質問状を、同年3月6日付で提出した。

全国から注視され、国と環境省ががれきの広域化を大々的に推し進めようとしていたちょうどその時期に、神奈川県民の批判の中で、計画が撤回された。国と環境省が、ずさんなまま出発させた広域化をめぐる闘いの、その後の行方を暗示する出来事だった。

(1)横須賀市西コミュニティセンターでの講演会

2012年1月28日、神奈川県横須賀市長坂にある西コミュニティセンターで、「震災がれき焼却灰の受け入れをめぐって――自分で考えるために知っておきたいこと」という講演会が、受け入れの地元・芦名地域を中心にしたお母さんたちの主催で行なわれ、当日には大人75名と子ども25名が参加した。保育室や集会場の後ろのスペースに子どもたちの遊ぶ場所を作っての、生活感あふれる講演会だった。筆者は講師として話をした。

この集会が準備されたのは、開催の10日ほど前のこと。

集会を呼び掛けた井崎浩子さんは、埋め立て処分場に放射性物質が埋設されると、周辺の海岸などを遊び場としている子どもたちに今後どのような影響が出るのか、放射性物質の危険性を含め、県から説明がないまま、がれきが受け入れられることに危機意識を持ち、集会から約2週間前の1月15日に地元で開催された県主催の説明会に参加したという。しかし説明会でも、受け入れありきで十分な説明がなく、何よりも会場が狭く、多くの人が会場から溢れ、その説明すら聞くことができなかった。この問題に関心を持っていたママ友仲間も、保育体制がなかったため、ほとんど参加できなかったという。

社会問題をテーマとした講演会は、一般的には集まりが悪いものだ。さらに、子育てに忙しく時間もままならない主婦が、短期間で講演会を主催することなど、ほとんど不可能と思われる。しかし井崎さんたちはママ友に呼びかけ、協力を得ながら集会を実現した。芦名の処分場の地元での動きだっただけに、このお母さんたちのパワーが、自治会の反対表明に大きく影響を与えたのは間違いない。

(2)神奈川県の受け入れ拒否の要となった芦名の活動

神奈川県のがれき受け入れは、政令指定都市3市ががれきを受け入れ、焼却することでは同意したものの、発生する焼却灰を市内の処分場に埋め立てることは、いずれも断った。高濃度に放射能汚染された焼却灰を普段使っている処分場に埋め立てれば、周辺汚染や跡地利用などに問題を残すだろうと考えての判断だったと思われる。

そこで3政令指定都市は、県が管理している最終処分場で埋め立てるように要望した。県にも責任を負わせようとしたのだろう。

ただし、実質的に県が管理しているといっても、芦名処分場は、設置にあたり周辺の芦名町内会と受け入れ協定を結び、埋め立てを「県内のもの」「産業廃棄物」に限ると定めている。

この協定を県が守るのなら、震災がれきは県外のものであり、一般廃棄物であるため、受け入れ不可となる。当然、県の受け入れ計画は進められない。

そこで、黒岩知事は芦名処分場の周辺自治会と新たな協定を結ぶことを考え、その第一歩として説明会に臨んだ。しかし説明文には、「がれきの受け入れは被災地の復興に不可欠」という一方的な説明が並び、住民と相談することもなく受け入れを決めようとする従来型の行政対応が目立ち、批判の声が多く、知事の楽観論は吹き飛んでしまった。

1月15日の説明会では、がれきの受け入れが本当に被災地の復興につながるのか、がれきの安全性は確認されているのかなど、住民から基本的な質問が出されたが、知事自身が答えられなかった。第2回の1月20日の説明会には、放射線の専門家である東京大学教授と岩手県の職員が参加したが、事態は変わらなかった。その後、芦名町内会から拒否の回答が出され、2月17日のがれき受け入れ撤回表明につながった。

国と環境省による強引な焼却、広域化の方針は、自治体を振り回していた。撤回表明の2日前の2月15日に黒岩知事が環境省に出した質問書は、知事による環境省への不満と異議申し立ての文書だったのだろう。

また、後日談として、焼却灰の受け入れを断った町内会では、被災地支援のためにバスをチャーターして出かけ、その後も被災地との絆を深める努力を行なっている。

静岡県島田市も受け入れ方針で身動きとれず

神奈川県では、がれきの広域化計画は撤回された。では東京都ではどうだったのか。島田市の報告に先立って、以下、概観したい。

2012年1月末には、東京二十三区清掃一部事務組合（東京一部事務組合）が、品川工場で試験焼却を行ない、その結果を待って、23区内での実施に道筋を付けようとしていた。

東京一部事務組合は、八〇〇万人を擁する日本最大の一部組合であり、ほぼ各区ごとに清掃工場を持ち、所有焼却炉数は40基に上る。

がれき受け入れに当たって、東京都は周到な準備を行なっている。

まとめると、①実際に受け入れる清掃工場名は明らかにしないまま、試験焼却を行ない周辺住民の関心を分散させ、②説明の主眼は、女川町のがれきの山の映像を見せ、町長に映像でがれきが片付かなければ復興はないことを強調させ、③説明会では、質疑時間も短く制限し、④資料では、女川町より東京都のほうが放射能汚染されている点を強調した。

実際、東京都では、がれきの受け入れより以前から、市区町村の清掃工場や都が管理している下水処理場で焼却されている汚染草木や下水汚泥は放射能汚染され、焼却灰からは数千ベクレルが検出されていた。行政側は、現状の東京での清掃工場での焼却に比べて、がれきを受け入れても変化はないことを強調、これによって逆に、汚染廃棄物を燃やし続けても問題ないと見せかけるように、説明会を運営していった。

都内の清掃工場で放射能が検出されていることが示すとおり、東京都も東日本の汚染地域の中にある（P39参照）。しかし、子どもに被曝によると考えられる症状が現れた家庭やその恐れを持つ人たちは、関西や九州などの西日本、北陸や山陰などの非汚染地域に、すでに母子そろって避難していた。したがって皮肉なことに東京では、体験的に放射能の影響を訴える人は、少なくなっていた。

また、先の神奈川県の事例で問題となった埋め立て処分場については、広大な「東京湾臨海広域処分場」を東京都が管理し、その一部に焼却灰を埋め立てたり、保管する計画が立てられていた。

行政の狡猾ながれき受け入れ策や、住民側の無関心な状況もあって、東京都では、産廃業者に続き、23区の一部や三多摩地域でも受け入れる道筋が作られていった。

とはいえ、実態を見れば、それぞれの首長が住民の批判を怖れて消極的になり、50万トンと打ち上げた処理量の、たった10分の1の5万トンを受け入れたに過ぎなかったのである。

次に焦点となったのは、静岡県島田市だった。

島田市の受け入れ表明は、2つの点で東京や神奈川と違っていた。

第1は、受け入れ検討のニュースが流れたとたん、九州のお茶屋さんから静岡茶の取引拒否が伝えられたことだ。静岡はお茶だけでなく、みかんやいちごが主要農産物である。がれきの受け入れがこれら農業生産に与える負の影響は計り知れない。

第2に、島田市は、がれきの搬出元である宮城県や岩手県より、平均的に見て放射能に汚染されていない、非汚染地域にあたることだった（汚染のレベルが低いといっても、子どもの尿からセシウムが検出されたという報告があり、がれきの焼却は住民にとって、すでに大きな不安材料となっていた）。

島田市が受け入れを決めれば、中部から関西にかけての地域でも、がれきの受け入れへの抵抗が減らされる。日本全国が放射能汚染列島にされかねないものだった。

桜井勝郎市長は、市長に就任する前は産廃業を営んでおり、廃棄物問題に通じていた。市のごみ処理事業を巡って特定の事業者に便宜を図ったとして行政訴訟で訴えられており、「自分と関係の深い業者を選ぶ目的で競争入札から随意契約に変更し」、「明らかに公正を妨げる事情が認められ、裁量権の乱用に当たる」として、控訴審で敗訴している。

筆者ががれき問題で、静岡県出身で米国在住の川井和子さんが企画した、東海・関西連続講演会に参加し、2012年2月11日から18日まで、東京、横浜を皮切りに、静岡、名古屋、京都、大阪などで日替わりの講演を繰り返していたさなかの16日、島田市で試験焼却が実施されたことで、市民による反対活動が大きく盛り上がっていた。企画者の川井さんは、講演会で挨拶をすませると、試験焼却反対の集まりやデモに参加するために、島田市に戻って行ったのを覚えている。

試験焼却の後、用意されていたように、放射性物質は「ND」（検出せず）という結果が発表され、「焼却しても安全だからがれきは受け入れる」と市長が発表した。

試験といえば通常は「合否」がある。しかしこの手の試験は、「合」しかなく、受け入れが最初から決まり、本格実施に向けたデモンストレーションのような試験焼却でしかなかった。一応、「ND」ががれき受け入れの指標とされていたが、実態は、排ガス中の放射性物質の測定を行なわないものだ。

メディアは、試験焼却の結果、どのような場合に「受け入れ拒否」されるのか、受け入れ拒否された事例があるのかといった基本的な確認をあらかじめ行なうべきだった。

結局、市長の発表を受けた新聞などのマスコミは、がれきを受け入れることを是とし、市民に「よく説明すること」だけを求めた。

一方、焼却場周辺の自治会には、あらかじめ根回しがされており、がれきの受け入れは、安全性が確認できれば基本的にOKするという回答を得ていた。しかし、がれきの焼却灰をどのように処分するのか、処分場を巡る問題が残る。

　島田市でも、結局、最終処分場を巡っての攻防が、がれきの受け入れの可否を決めることとなった。

(1)焼却場周辺、処分場での土壌や水の高濃度汚染

　島田市の本格受け入れを前にした2012年5月22日、島田市民が記者会見を行ない、がれきを受け入れる前であるにもかかわらず、焼却場周辺地域での空間線量が、島田市全域の平均の約2倍あること、そして周辺の伊太小学校と大津小学校の校庭から採取された土壌の放射能濃度(セシウム134と137の合算量)が、それぞれ730Bq/kg、1970Bq/kgあったことを発表した。ちなみにこれは放射線管理区域(4万Bq/㎢=615Bq/kg)の、それぞれ1・2倍、3倍にあたる高い値である。

　また発表後、「安心して暮らせる島田を作る市民の会」(白石啓美共同代表)が測定事実を市に伝え、

　①焼却場周辺の値がなぜ高いのか、原因調査を求める
　②小中学校の全校調査を行ない、高い線量の場所は除染を求める
　③焼却場周辺が高い線量を示す中で、受け入れ中止を求める

の3点について、島田市に対して申し出を行なった。

空間線量は、島田市の母親たちが市の測定器を借りて、焼却場周辺の35ヶ所を測定したものだ。伊太小学校の土壌は、学校の許可を取って土壌採取し、測定の専門機関で調査した。大津小学校の土壌は、市民と地質学者の大石貞男氏が採取したうえ、やはり専門機関に委託し測定した。

空間線量は、最大で0・17マイクロシーベルト（以下μSv）／hであり、平均的には0・12μSv／hあった。島田市の空間線量は、平均的には0・05μSv／h程度の値であり、焼却場周辺は、倍の値を示していた。

この数値はチェルノブイリ事故の際の「放射線管理区域」の基準値を超え、現行の原子炉等規正法では、これら小学校の土壌は、放射性物質として保管管理しなければならないレベルのものだった。放射線防御プロジェクトの木下黄太氏は「セシウム137による土壌汚染レベルが、0〜6歳なら20Bq／kgまで、小学生、中学生なら50Bq／kgまで、大人なら100Bq／kgまでが安全域だといえる」と語り、京都大学原子炉実験所の小出裕章助教も「福島原発事故前は、セシウムの汚染度合いが1万Bq／㎡（＝150Bq／kg）を超えるところだと、絶対に自ら立ち入りを避けた土地である」と語っていた。

島田市において、焼却場周辺の小学校の校庭で検出された土壌汚染はこれらの数値を超えており、その原因を調査することなく、がれきの受け入れはすべきではないというのが、会見を開いた市民の意見だった。

島田市や静岡県内の測定調査をしている専門家の大石貞男氏は、記者会見に出席し、今回と同様の高い値が検出された場所はいずれも、地形やその他に原因が特定されたと話した。今回の調査で、市内を流れる大井川の河原で高い値を検出した場所は、最終処分場の放流水が排出されるポイントだったため、焼却灰の影響を指摘していた。

(2)地権者の反対の声を無視して埋め立て処分

島田市のがれきの受け入れをめぐっては、もう一つ大変な事実が隠されていた。島田市の初倉にある最終処分場の土地は、市の所有ではなく、民間の11名の地権者から賃貸契約で借り受けたものであり、この地権者に断りなく、震災がれき焼却灰の埋め立てが行なわれようとしていたのである（p119の図表1参照）。

埋め立て処分場には浸出水の処理施設があるが、処理した後の放流水用のピットに溜まった土壌から、放射性セシウム300Bq／kgの値が検出された。がれきの受け入れ前から、放射能汚染された焼却灰が埋め立てられており、雨水が浸み込むことで、汚染水が発生していた。原発事故により、放射能汚染されたお茶の葉を燃やした結果だと考えられた。

この処分場は環境省が、放射性物質を8000Bq／kg以下なら埋め立て可とした管理型の処分場である。しかし、処分場は原発事故以前に造られたものであり、放射性物質の埋め立てを前提としていない。水に溶けたセシウムなどが周辺環境に流れ出す危険性が指摘されていたが、実際に専門家が測定し、汚染が見つかった。

汚染水は大井川に流れ込み周辺地域の地下水の汚染も心配された。周辺は、地域の上水や田圃に水を供給する井戸もあった。

処分場の地権者は、市ががれきの受け入れを検討している話が伝わった後、がれきの受け入れと、放射性物質の処分場への搬入に反対する旨を市に伝えてきたが、島田市長は、2012年3月15日にがれきの受け入れを表明してしまった。

地権者は「お花畑に使うからと貸していたら、トイレが作られたようなものだ。事前の相談が欲しかった」と怒りを隠さなかった。こうした中で、単年度契約の期限（3月31日）が終了した後は、地権者の過半が市との再契約を結ばず、がれき由来の焼却灰の埋め立てに反対することを伝えた。

ところが島田市長は、5月23日にはがれきの本格的な受け入れを行ない、24日に焼却した後、最終処分場に埋め立て処分すると発表し、地権者との約束を反故にしたのである。

被災地との絆を口で言いながら、9000筆以上の反対する市民の声を無視し、今度は民有地の所有者の権利を勝手に侵害したのだ。

地権者7名は、生活ごみ由来の焼却灰などの埋め立ては拒むものではないが、このまま市が地権者の権限を無視してがれき由来の焼却灰などを埋め立てたときには、埋め立て処分場自体の使用も断るとして、5月22日、市に通告した。

埋め立て処分場は、われわれの生活の中で生まれる廃棄物が、最終的に処分される場所である。

図表１　島田市の清掃工場（ごみの焼却場）と最終処分場、周辺地域の相関図

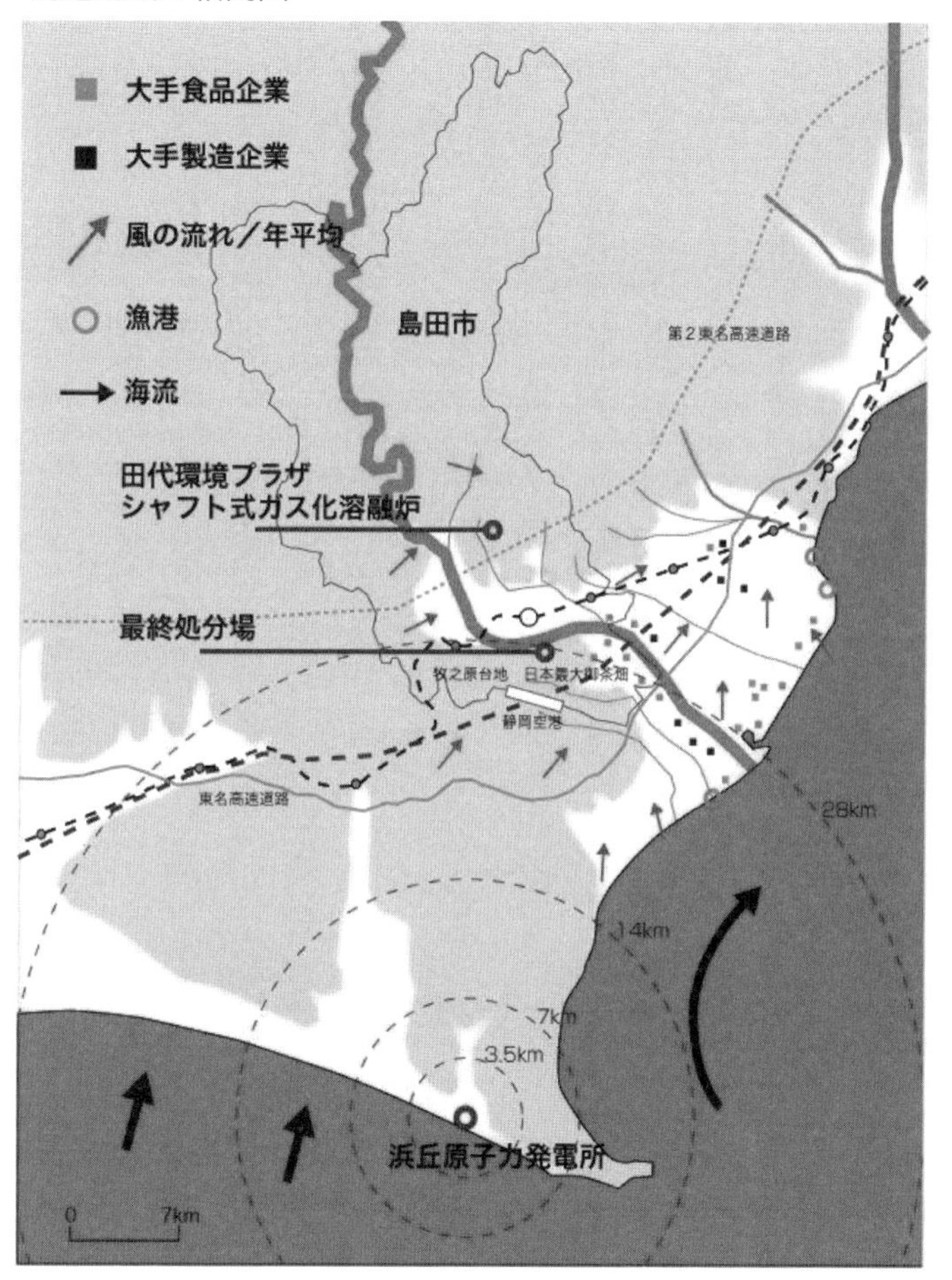

「あんくら島田のブログ」より
（http://ameblo.jp/ankurashimada/entry-11206654023.html）

市民から借りている土地にがれきを焼却した焼却灰を埋め立てているのだから、借地契約の更新がなければ、受け入れをあきらめるのが自治体行政としての筋道である。契約更新なしにことを進めることは、明らかに地権者の所有権を侵害する行為だ。

それ以前に、運び込まれるがれきが汚染されていないか調査するなど、すべきことがあったはずである。ところが島田市では、自治体の権力を傘に着て、ことを進めようとした。国と環境省による強引ながれき広域化が、ここでも国を後ろ盾にすれば何でもできるという市長の態度につながり、現場で大きな問題を引き起こしていた。

(3)木くずのはずがコンクリートの巨大な塊

4月23日、静岡県の仲介により、岩手県山田町からのがれきが、総量10トン分、コンテナ4個に入った状態で、島田市の伊太にある焼却施設「田代環境プラザ」に運ばれてきた。

がれきの本格的な受け入れと言いながら、その量はわずか10トン分である。たとえば北九州市へ試験焼却用に送られたがれきは80トンであり、それに比べても大幅に少ない。最終処分場での埋め立てについて、市民の了解が取れないことを意識し、島田市ががれきを受け入れたということを、アリバイ的に残そうとした措置だと見られる。

ところが、木くずとして運ばれてきたコンテナの一つから、約70キロの大きなコンクリートの塊や石が見つかった。このままでは焼却できないため、山田町に戻している。

島田市のがれき受け入れは、被災県からの広域がれきを遠方の「非汚染地域」に運ぶ初めてのケースである。マスメディアも注目する中での受け入れであったが、「安全できれいな木くずだけを運ぶ」という約束は、見事に裏切られた。木くずだけを選別したがれきを運んでくるはずが、目視で分かる70キロものコンクリートの塊や石が入っていたのである。

試験焼却のときには、木くずに付着した土砂を落とすために洗浄していたのに、今回はそれすら行なわれなかった。コンテナに積載されたがれきは、途中で誰かが入れ替えたりすることは、ほぼ不可能であり、コンクリートは現地で投入されたとしか考えられない。

送られてくるものは、１００Bq／kg以下という約束だったが、目視できるものすらチェックされていない杜撰さでは、目に見えず、臭いもしない放射能汚染のチェックなど不可能といえる。

コンクリートの塊が意図的に混入されていたとすれば、誰がそのようなことを行なったのか。

この事件の後、島田市のがれきの受け入れは、文字通りデッドロックに乗り上げてしまう。島田市を突破口にして、非汚染地域にがれきを運ぼうとしていた国や環境省の思惑は、頓挫してしまうのである。その結果、がれきの広域化で大きく注目されるのは、今度は、九州や沖縄という遠方地域となり、輸送費が増加することで、処理費が倍額以上かかる場所への広域化という新たな問題を抱えることとなった。

326政府交渉ネット

草の根の力で結成された「326交渉ネット」は、全国各地の個人や市民団体を結びつけるのに大きな役割を果たすこととなった。

ここでの結びつきをきっかけに、各地でメーリングリストが作られ、「○月△日○時から市との交渉がある」「△月○日□時から○○場所で、説明会がある」というように、全国各地の闘いの連携に活用されていくことになった。

放射能汚染の危険性や、本当に被災地で必要とされているのかなど、十分な説明のないまま進められたがれきの広域化。受け入れに疑問を感じた人たちが集い、情報交換を行なうことのできる〝場〟が作られたのである。

この326交渉ネットの結成以降、全国各地の市民や活動団体は、全国で起きた動きをその日のうちに入手し、真偽を確かめることができるようになり、人々は各地での活動の連携を広げていった。

2012年3月26日に行なわれた環境省との交渉は、賛同署名も2000を超えた。あらかじめ質問書（※1）を送ったうえで、環境省が答弁する形をとった。

この交渉を通して確認できた主な点は、以下の通りである。

①「放射能の知見がない」省庁が、放射能汚染がれきを扱っていた

326交渉ネットと環境省の交渉は、翌27日の東京新聞では、「放射能の知見ない――環境省『公言』」と報道された（※2）。環境省は交渉の冒頭で、放射能汚染問題については主務省庁でないため答えられない」と驚くべき発言をした。

広域化されたがれきの受け入れを巡って、各地方自治体では例外なく安全性の問題が論議されている。その際、自治体の最後の切り札は、「環境省が勧めている」「安全性については環境省が保証している」ということだった。その環境省が、縦割り行政よろしく、環境省には「放射能の知見がない」と正直に答弁したのである。実際、環境省の方針は原子力安全委員会の考え方（※3）に従うものでしかなかった。

そして広域処理を進める環境省も、自治体も、放射能汚染による影響について、もし問題が出たときには、互いに責任をなすりつけ合う姿勢が明らかになった。この交渉を注視していた全国の市民の闘いの火に油を注ぐことになった。

②災害がれきの汚染度の調査なく、がれき処理の安全性を吹聴

環境省は、がれきの全国広域化にあたって、がれきの排出先である宮城県・岩手県のがれきの放射能汚染の実態について、国としてがれきそのものの放射能汚染濃度（Bq／kg）を調査していないことを明らかにした。交渉の結果、環境省が安全面で保証しているという説明に根拠がなかっ

たことが分かった。

各県で行なっているという調査は、がれきの放射能汚染度を直接みるのではなく、ゲートを通過させたときの空間線量を測っていた。

③根拠なき「広域処理の必要性」

また環境省は、「遅れていた」はずのがれき処理について、「順調に進んでいる」と答えている。

これまで環境省が広域化の論拠としていたのは、次の2点だった。

「がれきの進捗が遅れている。全国の自治体の助けで早く進めたい」

「3年以内に終了するためには、全国の自治体の受け入れ協力が必要」

細野豪志環境大臣がこう話していたとおり、広域化への協力を訴える最大の論拠であったがれきの処理の遅れについて、まったく正反対の答弁が行なわれた。全量処理したのは7%だが、仮設置き場への移動などは「遅れていない」「順調に進んでいる」というのだ。しかも処理のめどを「3年以内」としたことについても、根拠のない、おおよその話でしかないことが分かった。

この交渉で環境省は、広域処理の必要性を論理立てて説明することができなかったのである。

そして、「被災地の復興のために急ぐ」という環境省の説明は、いよいよ怪しくなった。

④「バグフィルターで99・99%除去」は誤り

部　FAX 03(3595)6911　Eメール tokuho@chunichi.co.jp

放射能知見ない 環境省「公言」

がれき広域処理 迫るが…

反対派前に「安全」説得力欠く

環境省には、震災がれきの安全性を保証する能力があるのだろうか。広域処理に反対する市民団体が26日、衆院第1議員会館で開いた集会。同省の担当者は「放射能の知見もなければ、がれき全体の汚染状況も調べていない」と公言した。（佐藤圭）

集会には、全国各地で受け入れに反対する市民団体メンバーら約百八十人が参加。環境省からは、杉山徹・適正処理・不法投棄対策室室長補佐ら五人が出席した。

反対派が最も心配するのは、広域処理による放射能汚染の拡散だ。ところが、環境省側は冒頭、こうくぎを刺した。

「環境省は廃棄物やがれきの処理は担当するが、放射能に関しては技術的知見を持ち合わせていない」

除染問題担当 外局に規制庁

東京電力福島第一原発事故が起きるまでは、放射能は同省の所管外だった。だが、今や除染など放射能汚染問題の最前線に立つ。新たに原発の安全規制を担う原子力規制庁は政府案では同省の外局として置かれる。にもかかわらず、「知見なし」とは開いた口がふさがらない。

広域処理の対象になっているのは、岩手、宮城両県のがれきだが、環境省側は「広域処理の対象となるがれきは測定しているが、各地の仮置き場すべてで調査しているわけではない。岩手、宮城両県が測定した空間線量は公表されている」と言い放った。反対派からすれば「岩手、宮城全体の汚染度を把握せずに広域処理をOKしたのか」という話だ。

福島県内のがれきが広域処理の対象外となっているのも、放射能汚染とは関係ないようだ。環境省側は「福島のがれきは二百万㌧で、通常の三年分。岩手、宮城両県より比較的少ない。沿岸部のがれき処理は国の直轄、代行事業だ。国が責任を持って域内（県内）処理する」と説明した。

一方、「知見なし」の割には、がれきの安全性には自信満々の様子だ。同省は、「ろ布式集じん機（バグフィルター）」と呼ばれる高性能の排ガス処理装置が設置された焼却炉であれば「放射性セシウムをほぼ100%除去できる」と主張する。静岡県島田市の反対派は、同市の試験焼却データを独自分析した結果に基づき、バグフィルターの「安全神話」に疑問を投げかけたが、同省は取り合おうとしなかった。

さらに反対派は、埋め立て可能な焼却灰を一㌔当たり八〇〇〇㏃以下とした国の基準値について、「最終処分場では遮水シートの破損事故などが発生しており、到底容認できない」と撤回を迫った。ここでも環境省は「意見を聞いた」だけだ。

「知見なし」の環境省が、いくら「安全」を説いても、反対派の納得を得られそうにない。広域処理推進キャンペーンが展開される中、国会議員でただ一人、集会に顔を見せた川田龍平参院議員（みんなの党）は広域処理の再考を訴えた。

「広域処理以外にも、いろんな処理方法があるはずだ。がれきは本当に安全なのか。薬害エイズ訴訟の原告だった経験から、政府が安全と言っても信用できない」

がれきの広域処理に反対する市民らの質問に答える環境省の担当者＝東京・永田町の衆院第1議員会館で

東京新聞（2012年3月27日付）

交渉の際に行なわれた「326交渉ネット」の野田隆宏氏の報告によれば、島田市の試験焼却の実験データでは、バグフィルターによる放射性物質の捕捉率は約60〜80%に過ぎず、約20〜40%が煙突から大気中に放出されたという。この試験焼却では、結果として「安全性が立証できた」と一般に言われてきたが、実際は異なり、むしろ危険性を立証したものであると、野田氏は説明した。

「バグフィルターで99・99%除去できる」という環境省の主張は、焼却安全論の核心となるものであり、事前の質問にもこの点が盛り込まれていた。野田氏の報告について、環境省の職員はその場で答えず、追って見解を示すとした。

技術的見解について、市民団体が専門家による説明を準備し、省庁の官僚の前で説明したこの取り組みも画期的なことだ。環境省の担当者がその場で答えられなかったという事実が強く印象に残った（P127の図表2参照）。

⑤会議が非公開から公開へ

「災害廃棄物安全評価検討会」など、環境省による有識者会議の公開と議事録作成について、環境省から「（検討会の）第13回以降については、従来の非公開から公開に変える」という回答があった。その点は評価すべきことだが、1〜12回まで非公開、5回以降の議事録や会議録音を非公開、そして9回目以降、会議録音すら取らなかったことについては、経緯や理由の説明、責

図表2　Cs137の物質収支

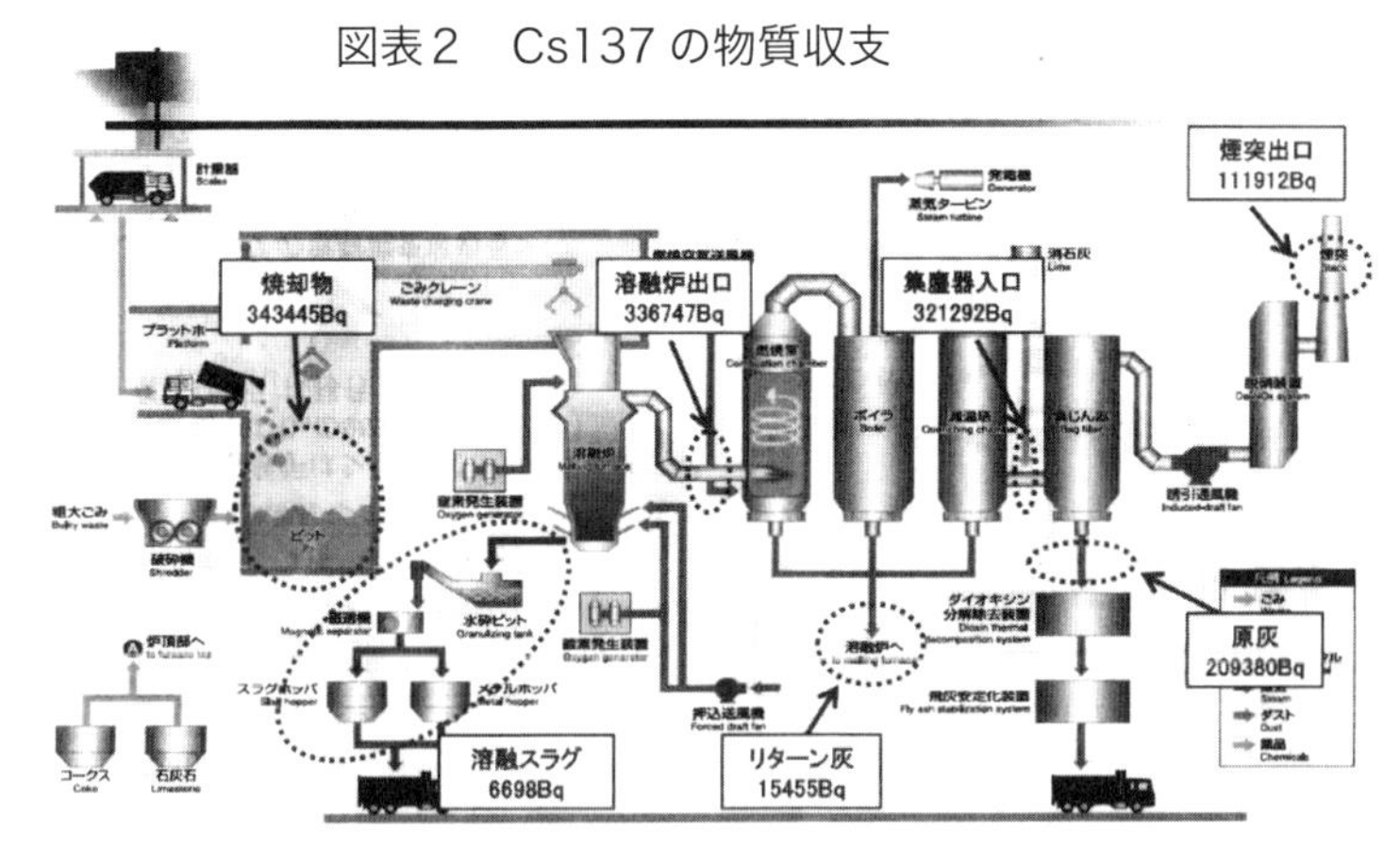

バグフィルターによるCs137の除去率＝65%
煙突から11万1912Bqが出ている
（島田市の試験焼却。野田隆宏氏による326交渉ネット資料より）

任の所在、そして今後の責任について明らかにするように、市民側は求めた。

この交渉で、がれき広域処理がなぜ必要なのかを環境省自身が説明できなかった。そもそも広域処理に根拠がないこと、全国にばらまかれるがれきが測定すらされず、放射能汚染の実態が分かっていないこと、がれきの広域化は放射能汚染を拡散するおそれがあることが明らかになったのだ。

参加した２００名の市民と、生中継や録画をインターネットで見た多くの市民は、この貴重な成果を自分たちの活動の糧にして、受け入れに走る自治体との交渉に臨むことになった。

その際、３２６交渉ネットの事務局・杉山義信氏が、参加者２００名に呼びかけ、地域ブロックごとにテーブルを囲み、自己紹介と交流を行なった。そこで顔の見える関係を作ったことが、各地での活動を後押しすることになった。

筆者自身も交渉を境にして、環境省ががれきの持ち込み先として新たに触手を伸ばした関西や中国、九州など非汚染地域の講演会などに呼んでいただき、走りまわることになった。

特に九州地方は、4月12日のグリーンコープ主催の講演会の後、4月22日に北九州市での講演会に出演した。地元の加来久子さんの個人主催であった。講演の内容を、毎日新聞の林田英明記者が、写真誌「パトローネ」で報告し、後に林田氏の著作『それでもあなたは原発なのか』（南方新社）の中にも掲載している。この章の最後に、それを転載させていただいた。

震災がれきは受け入れるな

「パトローネ」（2012年7月1日〈90号〉・林田英明記者）

震災がれきの広域処理に国は躍起となっている。北九州市も受け入れに前のめり。東北大震災で放射能を帯びたがれきを九州まで持ってくる必然性はあるのか。同市小倉北区で開かれた環境ジャーナリスト青木泰さんの講演会「震災がれき広域処理――亡国の放射能汚染」には140人が参加し、市民にとっては百害あって一利なしの、がれき広域処理の話に聴き入った。

震災がれき講演会
未来の為にやれること

前夜の風雨が止んだ四月二十二日午後、小倉北区国際会議場で行橋市の加来久子さん主催の「青木泰氏講演会『震災がれきについて知っておきたいこと』」が行われ自民党の戸町市議も含め県内外から百五十人が参加した。

青木氏（下写真）は「絆を強めるには震災がれきの受け入れを、のキャンペーンがおこなわれているが、福島第一原発事故で東日本一帯が汚染地域になり子どもを守るために各地に避難してきた人たちとの絆を強めるべき」「避難した人々を追いかけるように震災がれきがやってくる」と述べた。

また関西地域でも震災がれきの引き受けの検討をしていることに触れ「奈良や京都は観光客が来なくなる。静岡県の島田市が引き受けたが風評被害ではなく実際に安心できる食べ物がなくなり信用をなくす」「震災がれき受け入れ自治体も信用がついてこない。経済も壊していく」。

また広域処理のコストも「遠いほど運輸コスト高い」。広域処理する量は二千四百万トン中の四百万トン。現地で処理すると、処理目標の三年が八か月延びるだけ。

宮城県の仙台市では総量が通常の四、五年分の百三十五万トンだが、阪神大震災時のがれき処理のエキスパートをスカウトし自前で処理している。「国の言う三年以内に完了する」と言っている仙台市のことを紹介した。

また陸前高田市が地元で処理を申請した例を引き「国は広域処理したいがために地元の足を引っ張っている」。

「国や環境省は大事な情報を隠してきた。子どもの未来を守るためには私たちが協力してやるしかない」と話した。

講演の後、市の「がれき受け入れ検討委員会」の市民代表候補としてメンバーに入れてほしい、という五人が記者会見を行い、翌日当局に申し入れた。

「小倉タイムス」（2012年5月1日）

◆広域処理費2倍に

青木さんは、ゆったりした口調で丁寧に言葉をつむぐ。まずは、がれきの実態から。東日本大震災での総量は、福島・宮城・岩手3県で計約2250万トン（4月時点）。阪神淡路大震災が約2000万トンだから、面積の相対比として東北は少ない。うち広域処理分は可燃の400万トンだから全体の2割にも満たない。北九州市が石巻市から年間4万トンを受け入れようとしている宮城県は1570万トン中344万トンだから22%。それが「復興の妨げ」になっているとするのは詭弁だとした。3月6日の朝日新聞に、石巻市のうずたかく積まれたがれきを見開きカラーにして「みんなの力でがれき処理」とうたう全面広告が環境省によって出された（P80参照）。全国通しだから費用は5000万円をくだらないといわれる。

「がれきの処理が遅れているから復興が進まない」と細野豪志環境相は事あるごとに宣伝する。しかし、3月26日の環境省と市民200人弱との交渉で環境省側は「遅れていない」と明言した。「阪神」では1年後には50％進んでいた処理が「東日本」では7％。これは国の計画に誤りがあったからではないかと問うた答えは環境相と真反対ではないか。追及すると「終わったのが7％。がれきは仮置き場にすべて移され、処理は順調だ」という返答である。広域処理の必要はない、と自ら認めているわけだ。

現地処理で国からカネが下りるのは震災から3年まで。これでは新規の処理場や最終処分地の選定などに時間をかけている暇がなくなり、全国の自治体の既存施設での処理、つまり広域化が不可避となるとした。テレビ朝日系「モーニングバード！」が4月19日、がれき問題を取り上げ、地元処理期限を3年に区切る必要はないのではないかとの提起もしている。なぜ3年なのか。環境省は、「阪神」が3年で終わったからという。一方、被災地ではがれき処理ができないという広域化最大の理由にも、仙台市は自前で計画・実行してメドをつけ、陸前高田市は昨年4月にがれき処理のプラント建設の申請を出したのに県や国から「2年はかかる」と相手にされなかった。

この不作為を青木さんは「広域化利益」と見る。がれきの予算額が1兆700億円だったことを3月の交渉後に環境省側は明かしている。もし「阪神」のように1トン当たり2万2000円の処理で済めば半額の5000億円しかかからない。ところが、東京都が岩手から受け入れた処理費は6万～7万円。広域化とは、カネ食い虫なのだ。また汚染がれきの広域化は、被災地の汚染が平均化して汚染の原因企業、東京電力の責任をあいまい化させる。

被災地の深刻さは、人口流出が止まらないことだ。現地の雇用確保と宿泊施設づくりが被災地の要望として挙がっている。がれきの仕事についた労働者の宿泊施設が現地にないため、仙台に泊まる。そのため、がれき対策費が地元に落ちる仕組みがない。環境省のがれき対策と復興庁の復興計画が縦割りでバラバラになっている。「一日も早い被災地の復興を」といった美名の下、表層的な「助け合い」が叫ばれ、何かをしなければと思っていた市民の機微に触れる。声高な「絆」は、しかし「利権の絆」。青木さんの話を聞いていくと、そういうカラクリが透けて見える。

筆者注：ここでのがれきの総量は、当時の発表データに基づく。その後の調査で大幅に下方修正され、全国の住民の反対活動と相まって、広域化は各地で中止になったり、繰上げ終息した。

◆フィルターの空論

放射能が問題である。環境省は、可燃ごみはバグフィルターを付けた焼却炉で燃やす方針だ。青木さんは「とんでもないことだ」と驚きの表情を隠さない。バグフィルターで放射能は99・9％除去できると言い切る環境省に対し、それは「机上の空論」とたたく。バグフィルターは元々、生活ごみを燃やす際に出るばいじんや有害物を取り除くためのもの。ガスや微粒子状の放射性物質の除去をどのメーカーも保証していない。

静岡県島田市が3月に岩手のがれきを「試験焼却」したところ「ND（不検出）」という結果が出た。煙突から何も放射性物質は出なかったのだから「安全」だという論理である。しかし、青木さんは「測定器の検出限界値を大きく取れば『不検出』になる」という。島田市の場合、1立方メートル当たり0・3～0・4Bqだから、1時間当たり2万立方メートルと報告された排ガス流量を当てはめると1日約20万Bqもの放射性セシウムがまき散らされる。市のデータを基に独自分析した市民技術グループはバグフィルターでは60～80％しか捕捉できないと主張した。〝不合格〟のない試験焼却は、がれき受け入れへのデモンストレーションでしかないと批判する。なぜ島田市は受け入れに猛進するのだろうか。

筆者注：受け入れに走った島田市桜井勝郎市長は、2013年5月の市長選で落選した。

◆自治体の責任は？

東京都が昨秋、がれき受け入れを表明すると3000通近い抗議電話やメールが殺到した。これに対し石原慎太郎都知事は「放射能がガンガン出ているわけではない」「黙れ、と言えばいい」と暴言を吐いている。青木さんは「市民に『黙れ』と言うのは悪代官」と笑い、石原知事を「放射線について独自の感覚を持っているサイボーグか」と突き放した。都は2014年までに50万トンを引き受ける。1割は埋め立て、9割を焼却する予定だ。どれほど汚染されていくことか。

国は埋め立てできる焼却灰の基準を1kg当たり8000Bq以下としている。この数値をどう実感すればいいのだろう。青木さんは国内1億人に1人ずつ8000Bqのセシウムを配ったとして、わずか0.1g用意すればいいと説く。青酸カリの致死量は1人0.2g。「放射性物質を見た人はいません。なぜなら、見たらお亡くなりになる」とブラックジョークを織り交ぜながら、その危険性を示した。

牛肉汚染に端を発し、露天に置いていた稲わら汚染が発覚したとき、宮城・岩手の露天にあったがれきの汚染も当然考えられた。しかし環境省は、農林水産省の管轄として自分の問題と考えなかった。汚泥と草木ごみに高濃度の濃縮が進んでいるにもかかわらず、焼却を勧めることによってさらに汚染を拡散させてしまう所業は犯罪的でもある。ホットスポットが人為的につくられようとしている。泉田裕彦・新潟県知事が「どこに市町村ごとに核廃棄物場をつくる国があるのか」と批判するのももっともである。ごみ処理の原則は、排出源で分別し、より分けて量を減らす。汚泥は乾燥処理することで容積を減らすことができるし、剪定ごみや草木ごみも発酵処理や乾燥処理で、かさを減らさせる。汚染物を焼却すると大気が捨て場となって有害物を拡散させ、回り回って生物の体内に濃縮されてしまうと青木さんは指摘する。放射能を帯びる危険ながれきの場合、元高知大学学長の立川涼氏が主張するように、処理・処分しないで福島原発周辺に保管するしかないとした。そこを保管場とすることに割り切れない思いを抱く人もいるかもしれない。しかし青木さんは、非汚染地帯の九州に持ってくることこそ避けるべき愚策だと考えている。

なぜ「環境都市」を標榜する北九州市なのか。質疑応答では焼却炉の燃料にするつもりなのだろうかとの問いかけがあった。これに対し青木さんは「行き当たりばったりの計画なので、それは関係ないと思う」と否定した。また、市に具体的なメリットがあるのかとの質問には「交付金を請求すれば環境省は気持ちよく出すだろう」と潤沢な予算を使っての大盤振る舞いの可能性を示唆した。国の強引な受け入れ要請に従わない自治体は見切って、手を挙げる自治体にカネをばらまくとすれば、原発の構造と何やら似てくる。三村明夫・新日鉄会長は、がれきの全国拡散を提言した人物。北九州市が受け入れに動きだす素地は十分にあるといえよう。

筆者注：北九州市の広域がれき受け入れの裏で、皇后崎清掃工場の基幹整備事業〈総額45億円〉に復興資金から交付金を流用していたことが、2013年9月11日の小倉タイムスの報道で分かった。被災地の復旧・復興のためにではなく、この交付金を目的に受け入れを進めていた疑いが濃くなった。

◆放射性障害の恐れ

2月11日から京都、奈良、大阪を講演で回りながら青木さんは考えていた。がれきの受け止め方が東京と大違いなことに。実は関東から関西に避難している人が少なくなく、そこに追いかけるようにがれきが持ち込まれようとするから大問題になっていた。環境相の京都でのPRに多数の市民が押し寄せ「細野帰れ」コールを浴びせた春の動きにも、だから得心する。京都府の人口は260万人。年間の観光客はその20倍以上の6000万人を超える。そこへがれきがやってきては観光客にブレーキがかかってしまう。奈良県も人口140万人に対し観光客は4000万人。文化財を守る観光収入に直結しかねない話なのだ。島田市にしても、静岡はお茶、イチゴ、ミカンの産地である。青木さんは強調する。「実際に放射性物質は生産物に降り落ちる。これは風評被害ではない。安心できる商品を売ってくれるという信用が、がれき受け入れで失われる。農業、経済、文化も壊していく実感を覚える」。北九州でも、列島を汚染する危険性を察知した多くの市民の行動が大きく起こっている。

ごみ焼却によるぜんそくへの影響を調べた青木さんは、工場や産廃焼却炉に隣接する小中学校の事例を基に、煙突から出る微粒子が原因の一つだと断定した。工場が稼働すると一気に跳ね上がる被患率のデータが一目瞭然。ところが、「子どものぜんそくはダニやほこりが原因」と医者から言われると母親は声を上げづらい。家庭の掃除が行き届いていないと非難されたように受け止める。現実の被害をただ甘受するしかないのなら、放射性障害がこれにプラスされても「原因不明」として処理されてしまうだろう。行政は責任を取らない。福島原発の事故で誰一人として責任を取った者がいないこの国で、自分の身を守るにはどうしたらいいのか。青木さんは「私たち自身が協力しながら情報の真偽を確かめよう」と声を高めた。人任せにしない、真の意味での民主主義を市民自らが勝ち取るしかないということだ。

北九州市は市議会議員の議員決議でがれき受け入れに動き出した。放射性物質の危険性を訴える識者が一人もいない21人の有識者検討会をつくってお墨付きを得、逮捕者2人を出す5月下旬の試験焼却の結果を「問題ない」とした。市民側は市民検討会を独自に開催し、試験焼却やがれき受け入れの是非の検討に入っている。6月のタウンミーティングは見せかけの「対話」の恐れがないか。北橋健治市長は議会にいつ、受け入れ提案を行なうのか。青木さんの懸念する「亡国の放射能汚染」を止めるのは、事実をつかむ市民の行動にかかっている。

闘いをつないだ「女性」「処分場」「避難者」「インターネット」

初めてづくしの放射能汚染との闘い。この章で取り上げた神奈川県、静岡県島田市、福岡県北九州市の事例は、闘いの全体において大きな位置を占めていたが、3つの闘いをはじめとした、全国の多くの闘いに共通していたのは、「女性」が前面に立ち、要所を引き受け、草の根の活動を支える役割を示したことだ。

原発推進にしても反原発にしても、原発事故に至るまで男性中心に進められてきた。チェルノブイリに続く史上類例を見ない原発事故は、この男性社会の責任だともいえる。未来を閉ざす被曝問題について、先陣を切って取り組んだのが女性だったというのは、この闘いの性質が、未来に先駆けた、先見的なものだということだろう。

また放射性物質の拡散において「焼却」は大きな問題だが、大気中への放出実態を確認するすべがなかなか見つからない。一方、焼却によって高度に濃縮された焼却灰を埋め立てる「埋め立て処分場」は、周辺土壌や河川に汚染スポットを発生させた。そこでは、事態を隠すことができず、今回の闘いで注目されることになった。

神奈川県の芦名処分場の周辺自治会での闘い、島田市初倉の最終処分場での闘い。北九州市でも海に面した処分場の漁業権をめぐる漁業組合、そして富山でも最終処分場のある池多での闘いが、従来の運動とは形を変えて行なわれた。処分場を巡っては、地権者や周辺住民、そして全国の市民によるポジティブな連携が、闘いを支えたのだ。

がれきの広域化との闘いにおいてキーワードになったのが「焼却」「埋め立て処分場問題」、そして「女性」だったが、付け加えると「インターネット」と「避難者」も大きな比重を占めていたように思う。

筆者ががれきの広域化問題、放射性廃棄物の拡散問題に取り組み、講演会に出かけるようになったのは、2012年1月からだ。何よりも驚いたのは、従来のごみ問題とは違うスピード感だった。企画から開催まで、わずか1週間で成し遂げたのだ。

2012年1月8日〜10日の静岡連続講演会は、正月の松の内（1日〜7日）のすぐ後、沼津市、島田市、静岡市と続いたが、主催者の川井和子さんから話があったのは、2011年の12月26日。筆者自身のごみ問題でのイベント企画の経験から言うと、50人規模の学習会で、最低でも1ヶ月前には企画されているものだ。100人規模になると3ヶ月が必要だった。それが正月を挟んで、8〜10日には講演会が開催されている。島田市は200人が入る会場であり、沼津も100人規模だ。

しかも講師である筆者は無名の「環境ジャーナリスト」という〝怪しい〟肩書きだ。どうなることかと思っていたが、沼津は80人、島田市は250人、静岡市は50人もの人々が参加者した。これには正月早々から驚かされた。

そして本文でも紹介したが、1月28日の横須賀集会をはさみ、2月11日から18日の東海連続講演ツアーを企画していただいた。その際に筆者が懸念していたのは、原発による汚染の影響を直接受けた東京でも無関心な人が多い中で、影響を受けていない名古屋や京都、大阪で関心を持った人がいるのだろうかということだった。

がれきの広域化の受け入れに早々と手を上げた東京都。汚染は生半可ではなく、筆者自身も3

月21日、経験したことのない体調不良に見舞われた。その日は福島第1原発からの第4回目の爆発によって、千葉の柏市や東京の東葛飾に放射能のプルームが流れてきた日だった。

その東京でも、大田区の清掃工場で行なわれた説明会では、あまり関心の輪が広がらなかった。

しかし心配は杞憂だった。関西地域での講演会場は、どこもあふれるように一杯だった。講演会の後の交流会を通してその理由が分かった。福島や東京、千葉を始めとする〝汚染地域〟から避難してきた人たちは、避難先にまで汚染のおそれのあるがれきが運ばれてくることに大きな危機感を持っていたのだ。名古屋、そして京都、大阪、兵庫、奈良などの関西の地域は、東海道でつながれているため、夫を残して母子が避難する先として、多くの人々が選択する場所であった。彼ら避難者や避難者を支援する人たちが、「がれきの講演会」に関心を寄せ、参加してくれていたのだ。

この連続ツアーを通して、筆者は避難先まで汚染がれきが追いかけてくる事態を、「亡国の日本列島放射能汚染、震災がれき広域化処理」と週刊金曜日に書いた。

この東海連続ツアーを企画したのも川井和子さんであり、ここでもインターネットの力がいかんなく発揮され、「避難者」の存在が浮き彫りになっていた。

※1：「放射性廃棄物全国拡散阻止！　326政府交渉ネット」の環境省への質問書
※2：東京新聞2012年3月27日付「こちら特報部」佐藤圭記者

※3：「東京電力株式会社福島第一原子力発電所事故の影響を受けた廃棄物の処理処分の安全確保の当面の考え方」　原子力安全委員会

第五章を振り返って

筆者自身は、自然保護活動やごみ問題などの市民運動に、20年近く取り組んできたが、今回は、講演や学習会の講師として、3年で約100回にわたり、全国を駆け巡った。主に出かけたのは、神奈川県、静岡県、北九州市、富山県、大阪府、岩手県、秋田県などで、それぞれ5回から10回は呼んでいただいた。

その経験から、以下のポイントを提示したい。

①講演会では、質疑の時間を取るだけでなく、講師が主催者や参加者と交流の場を持てることを条件とした。この開催地での交流会は、その後の市民活動団体を結成したり、より発展させるきっかけとなった。インターネットは情報交換・入手の上で大きなツールだが、やはり実際の交流がなければ活動は始まらない。

②地元の活動への関わりにおいては、「意見は言うが、実際に活動を担う人たちが決定する」という原則を守った。

③参加者が現状の活動に物足りなさを感じたり、活動に批判がある場合は、批判を一人歩きさせるのではなく、そのような観点を持った人自身がサポートし、活動体として欠

点を克服する方法を勧めた。
④メディアには、市民の側が持った情報をできるだけ届け、情報の共有化に努めた。そのため、がれきの広域化が抱える諸々の矛盾点は、行政や議会に意見書や陳情書として届け、一方で市民サイドで調査したデータや分析結果がまとまったときには記者会見の場を設け、発表するようにした。
⑤市民の側も、参考になった情報は拡散すること、拡散にあたっては自分の感想や見解を添えることを提案した。「観客民主主義」からの脱皮（青山貞一環境総合研究所顧問の提言）と「１００の批判より1つの実践」を訴えた。

草の根の活動の広がりにおいて、筆者のこうした関わりは、さほどの抵抗なく受け入れられたようであった。

一方、がれきの広域化との闘いにおいて、本文中でも紹介したが、「３２６交渉ネット」の役割は大変大きく、そこでもインターネットは影の主役だった。

２０１２年3月26日の環境省との交渉は、その交渉自体がＩＷＪなどのインターネットメディアで実況中継され、３２６交渉ネットは、全国の活動を互いに紹介するツールとして、ブログとメーリングリスト（ＭＬ）を立ち上げ、がれき問題の重要な全国交流サイトとなった。

そして、がれきの広域化は、全国規模の問題である。これまではこうした闘いを結んでいくためには、全国規模の政党の仲介が不可欠だったが、逆にそのことによる主導権争いなどが繰り返されてきた。326交渉ネットは、従来の政党がらみの組織ではなく、情報の交換・共有化を目的とするネットワーク型の組織であり、そうした連携型組織がこの闘いの中で産み出されたのは、注目する点だったと筆者は考える。

326交渉ネットは、現在、がれきの問題だけでなく、放射能汚染された廃棄物の焼却や埋め立て問題を取り上げていく市民団体として活動している。

第六章

広域化計画の不正が次々に暴露

全国の市民運動の盛り上がりは、新たな疑問点にメスを入れることにつながった。環境省のがれき広域化政策の全体計画量の問題である。

まず環境省や、行政側が示したデータを使いながら、環境総合研究所の青山貞一、池田こみち、鷹取敦氏と奈須りえ大田区議（当時）らのチームが、「がれきの広域化は必要ない」との分析結果を発表した。

また、326交渉ネットと北九州市の市民検討委員会による情報公開請求の結果、ゼネコンに業務委託契約していた県内のがれきを、広域化がれきとしても二重にカウントしていた事実を発見した。がれきの処理は、被災市町村でできるだけ処理し、処理できないものを被災県が請け負い、県が処理できないものを全国の市町村に広域処理を委託するというルールの下に行なわれている。費用はがれきの発生量に応じて国が市町村に支払い、市町村が県に、県ができない分は広域化受け入れ自治体に支払う。したがって、県で処理していたはずのものを、広域処理にも回せば、二重に公費を使うことになる。

これは、明らかに不正といえる事実であった。市民による指摘や受け入れ自治体での住民運動を受け、環境省と宮城県は矛盾点を解消するために、予定していた市町村を広域化対象枠からはずしたり、県内での契約量を大幅に下方修正する措置を取ったのである。

宮城県の4つのブロック（石巻、気仙沼、亘理・名取、東部）の一つの石巻ブロックでは、ブロック内の3市町（石巻市、東松島市、女川町）で処理した後に、処理できず、県に処理委託すると

図表1　石巻ブロック——県の受託量と広域化必要量
（各市町村の発生量と処理量）

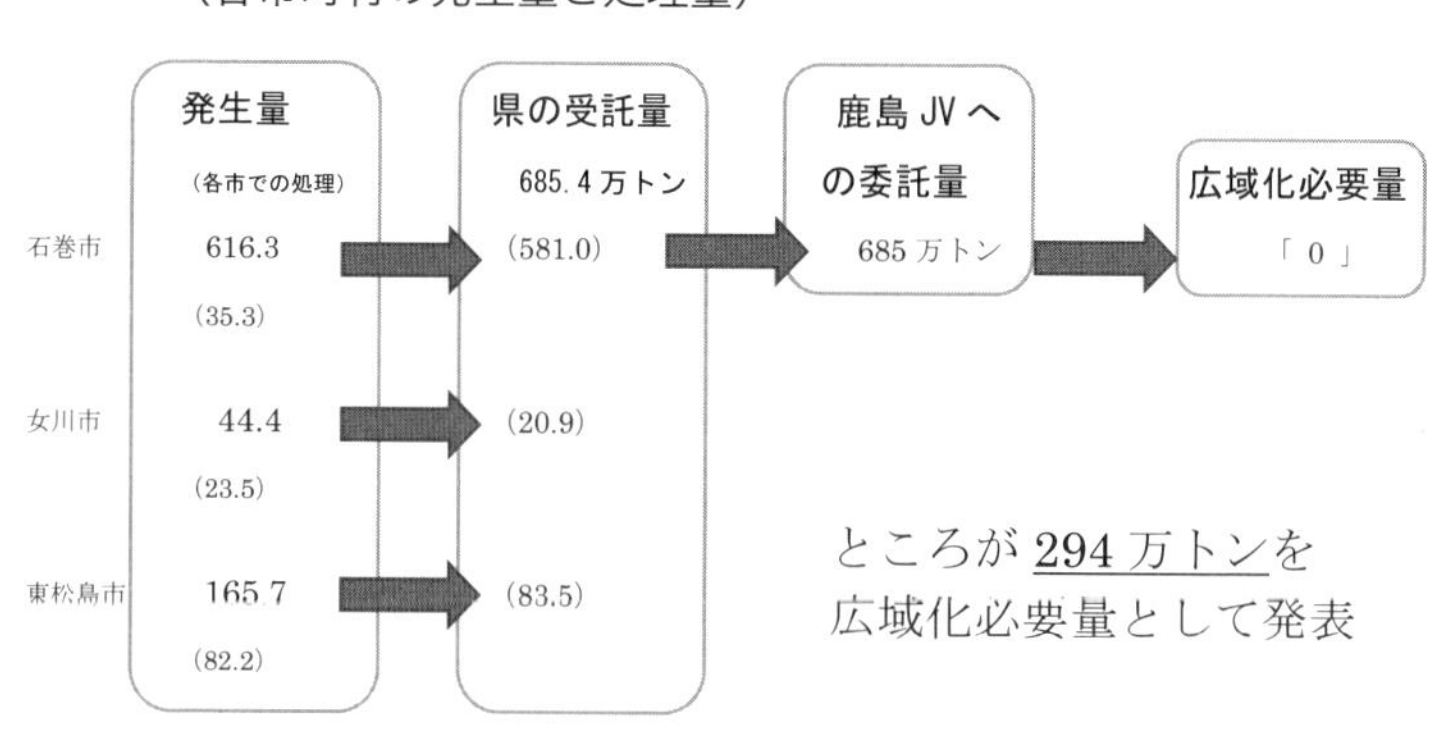

した分が685万トンとされていた（図表1）。県は、その全量を鹿島ジョイントベンチャー（以下、JV）に業務委託していた。そのため1トンたりとも広域処理にまわすことはできなかった（※1）。

ところが環境省と宮城県は石巻ブロックから294万トンの広域化が必要と発表していた。この294万トンは、県内処理分と二重にカウントした、まったくの架空の数値であった。これが二重カウント問題である。

この事実は、環境省の計画のでたらめさを如実に示す事実だった。筆者は北九州市市民検討委員会の一員として、斉藤利幸弁護士とともに、宮城県庁で会見を開きこの事実を発表した。また参議院議員会館でも326交渉ネットの主催で記者会見を行なった。

同年9月の県議会で、宮城県は鹿島JVに対し契約の変更を提案し、委託処理量を685万トンから

３１０万トンに変更、この二重カウントを解消する措置をとった。この点は後に詳述する。

それより以前の8月7日に発表された環境省の工程表では、宮城県発のがれきの搬出先は、東京都と北九州市に限り、茨城県は調整中と変更され、それまで予定していた他の各県は予定から外されていた。広域化の必要性が次々と否定された中での環境省の対応であった。

がれき広域処理に合理的根拠なし

（独立系メディア「Ｅ-ｗａｖｅ Ｔｏｋｙｏ」）


２０１２年6月、環境行政改革フォーラム特別チームと奈須りえ氏の調査グループによる合同調査チーム緊急速報「がれき広域処理に合理的根拠なし」が発表された（※2）。

その報告の冒頭、「はじめに」の中では、「がれきの広域処理の大幅見直しと31基に及ぶ、被災地に設置する仮設焼却炉・溶融炉により『がれきの広域処理』は、もはやなんら根拠がなくなったことが、合同調査によって判明した」とされている。

前述のとおり、テレビ朝日系「モーニングバード！」の「そもそも総研」で、宮城県のがれきは県内で処理でき、広域化が必要ないという発言があった。今回の報告はこの発言の裏付けを取るものであり、がれき問題に取り組み、また関係する者に、大きな影響をもたらす報告だった。

この報告論文の内容をまとめると、
①河北新報（4月24日）による、宮城県知事が「処理すべきがれきが大きく減った」と見直

図表２　見直し後の、宮城県が処理しなければならない可燃がれきの総量
（単位 トン）

	見直し前	見直し後
総量	1,089.1 万	712.9 万
県内処理量	785.7 万	591.7 万
（うち可燃分）	（170.7 万）	（175.5 万）
広域処理希望量	303.4 万	121.2 万
（うち可燃分）	（124.8 万）	（27.9 万）
可燃分合計	295.5 万	203.4 万

見直し後の可燃がれきの量＝ 175.5 万＋ 27.9 万＝ 203.4 万トン。
仙台市が 10 万トンを引き受けたため、残りは 193.4 万トンとなる。

しを発表したという報道を紹介

②その具体的な数値について宮城県に取材、その種類や数値、特に可燃物について特定

③その上で、宮城県内の仮設焼却炉の処理能力を調査

④仮設焼却炉の処理能力と、処理にかける日数から処理可能な総量を推計

こうして、予定されている可燃物は十分に処理できると結論付けている。

また、この報告に示されている基本的な数値は、図表２、図表３のとおりである。

図表２を見ると、見直し後、県が処理しなければならない可燃がれきの量は、総量で２０３・４万トン。うち、仙台市が引き受ける予定の10万トンを差し引くと、１９３・４万トン。

一方、仙台市を除く宮城県が保有する仮設焼却炉の処理能力は、図表３から１日あたり４０１５

図表３　仮設焼却炉の処理能力（1日あたりの処理トン数）

	焼却炉数	合計処理能力
宮城県	29基	4,495トン
（仙台市）	（3基）	（480トン）
（その他）	（26基）	（4,015トン）
岩手県	2基	195トン

処理期間　2012年7月1日～2013年12月31日（548日間）

トン。193・4万トンを処理量で割れば、481・7日となる。

これは処理期間とされた548日より67日も短く、県内で処理できるということが分かる。

そこで、このレポートでは「広域処理がなくとも期限内に可燃物のがれき処理は十分に可能」と結論づけ、政策提言として「被災地のがれきの広域処理に合理的根拠はなく、環境省は即刻広域処理の停止を宣言すべきである」とまとめていた。


県内処理と広域処理を二重カウントする犯罪行為

北九州市の市民検討委員会調査チームによって明らかになった二重カウント問題は、環境省によるがれきの広域化計画を根底から揺るがす大問題だった。

この3市町のがれき発生量と宮城県の受託量を、図表4に示しておこう。まず、石巻ブロックの3市町の発生量は826・4万トンである。

石巻市、女川町、東松島市の3市町は、それぞれの市町内で、35・3万トン、23・5万トン、82・2万トンの処理を予定

図表４　石巻ブロックのがれきの発生量と県の受託量（単位万トン）

	発生量	県受託量	市町処理量
石巻市	616.3	581.0	35.3
女川町	44.4	20.9	23.5
東松島市	165.7	83.5	82.2
合計	826.4	685.4	141

図表５　宮城県と鹿島ＪＶとの契約内容

契約経過	2011年7月29日	公告	応札は２団体
	9月6日	仮契約	
	9月16日	鹿島ＪＶと業務契約	
契約内容	石巻ブロックのがれきを中間処理を経て最終処分 全体の契約金額1,923億6,000万円 （内中間処理＆最終処分で1,102億円）		
処理対象	がれき685.4万トン、津波堆積物200万㎥		

し、処理できない分の、それぞれ５８１・０万トン、20・９万トン、83・５万トンを県に委託したことが分かる。結果、県が石巻ブロックとして受託していた合計は６８５・４万トンである。

一方、委託を受けた宮城県は、図表５に見るように、その「６８５・４万トン」をそのまま全量鹿島ＪＶ（鹿島建設をはじめとする９社で構成されるジョイントベンチャー）に業務委託していた（※3）。

このように、宮城県が受託した石巻ブロックのがれきは、２０１１年９月には全量県内での処理委託（※４）を終えていた。ところが、石巻ブロックから２９４万トンのがれき

図表6　災害廃棄物処理業務（石巻ブロック）変更契約

1. 処理量（県の業務対象量）

単位：万トン

	変更前	変更後	増減
木くず	115	4	−111
混合物（可燃・不燃）	431	223	−208
コンクリートくず	112	62	−50
アスファルトくず	19	1	−18
金属くず	8	6	−2
その他	—	14	14
小計	685	310	−375
津波堆積物	292	43	−249
合計	977	353	−624

2. 契約額の変更（当初からの変動）

契約額：1，923億6，000万円（変更前）⇒ 1，482億6，156万5，550円（変更後）

業務価格の変更内訳

単位：億円

項目	内容	金額		増減	主な変更理由等
		当初	変更		
直接業務費					
場内整備費	二次仮置き場造成費用等	53	103	50	県外搬出が困難となったことから、雲雀野フラッシュが無くなり、雲雀野地区既存廃棄物の仮置等を追加工事したことに伴う増額。（下記3の②、⑤）
収集・運搬費		104	47	−57	県外搬出が困難となったことから、雲雀野フラッシュ分等の減少に伴う減額。（下記3の①）
処理施設整備費	焼却施設等	295	310	15	最終処分量の縮減を図るため，焼却灰の造粒固化施設及び土壌洗浄残渣の不溶化固化施設を追加したことに伴う増額。（下記3の③、④、⑤）
場内作業費	選別作業等	173	196	23	造粒固化施設及び土壌洗浄残渣の不溶化固化施設等を追加したことに伴う及び作業費の増額。（下記3の①、②、③、④、⑤）
処分費	中間処理・最終処分	1,102	598	−504	処理数量が減少したことに伴う減額。（下記3の①、③、④）
小計		1,727	1,254	−473	
諸経費	費	105	158	53	
業務価格		1,832	1,412	−420	
消費税相当額		92	71	−21	
業務委託費		1,924	1,483	−441	

宮城県作成資料

を広域化する予定であったことが、北九州市の資料（図表7）から分かった。

この資料では、「石巻市の災害廃棄物の処理状況」の説明の中に、「被災状況」に続き「災害廃棄物の量」として推計６１６万トンと記載し、その後に「（石巻ブロックで広域処理が必要な量２９４万トン）」との記載がある。この２９４万トン分が、二重カウントされていた。

事業経験がある人に、この二重カウント問題について話すと、「それは犯

図表７　石巻市の災害廃棄物の処理の状況

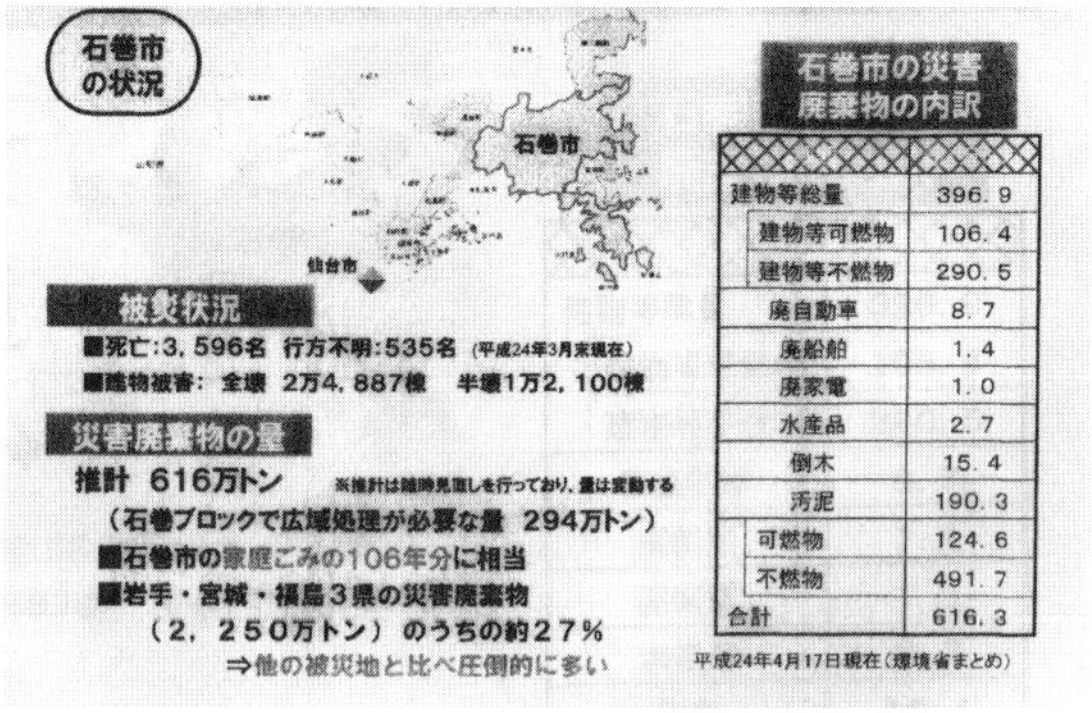

石巻市の状況

石巻市

仙台市

被災状況

■死亡:3，596名　行方不明:535名（平成24年3月末現在）

■建物被害：全壊　2万4，887棟　半壊1万2，100棟

災害廃棄物の量

推計　616万トン　※推計は随時見直しを行っており、量は変動する

（石巻ブロックで広域処理が必要な量　294万トン）

■石巻市の家庭ごみの106年分に相当

■岩手・宮城・福島３県の災害廃棄物

（２，２５０万トン）のうちの約２７％

⇒他の被災地と比べ圧倒的に多い

石巻市の災害廃棄物の内訳

建物等総量	396．9
建物等可燃物	106．4
建物等不燃物	290．5
廃自動車	8．7
廃船舶	1．4
廃家電	1．0
水産品	2．7
倒木	15．4
汚泥	190．3
可燃物	124．6
不燃物	491．7
合計	616．3

平成24年4月17日現在（環境省まとめ）

「災害廃棄物の受け入れの検討について」
2012年５月１日、北九州市作成の住民説明会資料

罪行為だ」という答えが即座に返ってきた。通常、業務委託契約が完了した時点で、委託された事業者であるる鹿島ＪＶにそのがれきの処理の「義務と権限」が移る。環境省と宮城県が、契約上は６８５万トンと言いながら２９４万トンを広域化し、半分しか委託するつもりがなかったのであれば、詐欺行為になる。委託された事業者は、当初の契約量を処理するために、さまざまなプラントを建設したり、機械や人の手配をする。仕事が半減すれば、それに伴い契約金額は削減を受け、損失が出る。

ただその事業者である鹿島ＪＶも、環境省と県と内通し、半分量の仕事で契約金額分の収入を得るつもりであれば、それはそれで、官民癒着の横領罪になる。

つまり二重カウント問題は、どうあがいても明らかな犯罪であり、公共事業でありえないことが起きていたのだ。そのため宮城県では、二重カウントを解消するため、鹿島ＪＶとの大幅な契約変更（ｐ１５０の図表６）を行なうことになる。

環境省の広域化計画にとって、この問題は、数量的に見ても決して無視できない大きな問題である。広域処理は、岩手・宮城の２県で４０１万トンと発表され、そのうち３４４万トンが宮城県発で予定されていた。図表８で見るように、架空計上された２９４万トンは、全体の広域処理量４０１万トンの70％、宮城県の３４４万トンの85％を占める量である。

環境省は、石巻ブロックの架空計上された２９４万トンを含む３４４万トンを宮城県発のがれき広域化分とし、予算を立て、全国の市町村に受け入れを打診していた。予定していた搬出先は、青森、山形、茨城、三重、滋賀、京都、兵庫、福岡の各県の市町村。そのほか検討中として、栃木、千葉、山梨、岐阜、愛知、鳥取、島根を挙げていた。しかし持っていくがれきが架空のものであった以上、当然、がれきはこれら自治体に運ばれるはずがなかった。

二重カウント問題の顚末

筆者を含めた調査チームは、この二重カウント問題を、北九州市だけでなく、宮城県、そして環境省に通告し、そのたびに記者会見を開いてメディアに伝えてきた。各所でのインターネットメディアの生中継や録画を見て一番驚いたのは、受け入れの検討を表明していた自治体ではないかと考えている。

図表８　広域化量と架空計上

	広域化計画量
宮城県	344万トン
（石巻ブロック）	（294万トン）
岩手県	57万トン
合計	401万トン

以下、要点を挙げながら、自治体と環境省の動きを追う。

(1)受け入れ府県が16県から実質2県に

環境省が２０１２年８月７日に　震災廃棄物（がれき）の今後の処理について工程表（「東日本大震災に係わる災害廃棄物の処理工程表」）を発表した。ちなみに工程表とは、建設工事や工場の生産などで、その手順や流れを示すときに、よく使われるものである。

それより２ヶ月半前の５月21日に、環境省は、被災２県の調査を受けて、震災がれきの発生量の大幅な見直しを行ない、それに伴う今後のがれきの処理方針「災害廃棄物推計量の見直し及びこれを踏まえた広域処理の推進について」（以下、推進計画）を発表したばかりだった。

そこには先に示した16県の名前が挙がっていた。それからわずか２ヶ月半後、東京と北九州市を残してその他は事実上、消えてしまったのである。持っていくがれきがなくなったため、当然といえば当然であった。

ただその工程表に記載された宮城県の広域化必要量は、「推進計画」で謳っていた量と同じであり、可燃物39万トン、木くず40万トン、不燃混合物48万トンの合計１２７万トンの広域化が必要であると記載されていた。

工程表は、一般的に、広域化必要量を踏まえた上で、その必要量をどのように処理していくかを示すものだが、今回の工程表では、広域化必要量が数量的には変わっていないのに、最終的に受け入れ自治体が16県から2県に激減したのである。先の合同調査チームや市民検討委員会での報告が情報として行き渡り、受け入れ自治体での反対運動と相まって、自治体が受け入れの手を下ろしたともいえる。

8月7日の工程表発表の時点では、まだ多くが「検討中」とされていたが、各地での住民活動の力で、受け入れを順次消滅させたのだ。しかし、この段階でも環境省は、広域化がれきを二重にカウントしていた事実を認めなかった。

(2)北九州市への試験焼却分は、鹿島ＪＶから受け取っていた

北九州市は、石巻ブロックのがれきの受け入れを進めていたが、本格受け入れを前にしたただし、２０１２年５月には、石巻ブロックから80トンのがれきを受け入れ、試験焼却を行なっていた。

ただし、二重カウント問題で明らかになったように、石巻ブロックのがれきは鹿島ＪＶが全量を宮城県から委託を受けて処理予定であり、広域化するがれきは1トンもなかった。

では、北九州市に運んだ80トンのがれきは、どこから調達したのか。

調査の結果、鹿島ＪＶが委託を受けたがれきから抜き取り、北九州市に運んでいたことが分

図表９　がれき広域化の経過

2011 年	
3月11日	東日本大震災―福島第一原発事故
5月	震災廃棄物安全評価検討委員会
8月	東日本大震災により生じた災害廃棄物の処理に関する特別措置法成立
8月	宮城県 石巻ブロック がれき処理告示
9月	宮城県石巻ブロックのがれき（685 万トン）処理
	鹿島 JV との業務委託契約 1923 億円で委託
11月	第３次補正予算閣議決定
	広域化必要量 401 万トン（宮城県 344 万、岩手県 57 万トン）
11月	石原慎太郎・東京都知事、がれきの受け入れ宣言
2012 年	
1月1日	放射性物質汚染対処特別措置法 施行
15日	神奈川知事 第１回説明会（横須賀市芦名）
21日	東京新聞こちら特報部「密室で決定」
2月	東京試験焼却
16日	島田市試験焼却
17日	神奈川県受け入れ撤回表明
3月	野田首相＆細野環境相から全国に広域化協力要請
26日	環境省との交渉 政府交渉ネット
4月	TV モーニングバード そもそも総研 " 宮城県広域化必要なし "
5月	北九州市試験焼却
5月21日	環境省 再調査結果報告
6月	環境総合研究所＆区議グループ「広域化に合理的理由なし」
7月	広域化と県内処理の２重カウント問題を告発
8月7日	工程表 閣議発表 宮城県発は東京、北九州市、茨城を残し終結
9月	宮城県 県内石巻ブロックなどの契約変更
11月	宮城県への住民監査請求
12月	埼玉県へのがれき（岩手県野田町から）終結。当初の 50 分の 1
2013 年	
1月10日	宮城県発がれきの広域化、東京、北九州市などすべて年度内終結を発表
1月22日	静岡県へのがれき終結（岩手県山田町発）。静岡新聞。当初の 22 分の 1
2月1日	大阪市へのがれき（岩手県宮古市発）搬入開始
6月	富山県へのがれき（岩手県山田町発）搬入開始
7月	大阪市、富山県へのがれき前倒しで終結発表

かった。しかもその運送費の1400万円も、鹿島JVが負担していたことが、北九州市市民検討委員会の斉藤弁護士の調べで判明したのである。1トンあたり17・5万円の費用であった。

先の図表6から、鹿島JVは、1トンあたり2～3万円でがれきと津波堆積物の処理の委託を受けていたことが分かる。これを大幅に越す高額のお金をかけて、北九州市に便宜を図っていたのだ。業務委託を受けている事業者が、委託量を削減される北九州への搬出に委託費用の6倍の費用をかけて協力する官民の〝見事な〟癒着振りである。

(3)宮城県ー鹿島JVの異例の契約変更発表

広域処理の受け入れ自治体が激減する中で、最後まで受け入れに手を挙げ続けたのが、東京都と北九州市であった。東京都は2012年4月時点ですでに受け入れを実施し、北九州市はこれからという状況であった。

しかし、二重カウント問題が発覚、広域化するがれきがないと分かった以上、新たに北九州市にがれきを運ぶのは、どう考えても無理である。そこで環境省と宮城県が企てたのが、鹿島JVとの契約変更であった。石巻ブロックの3市町から受託した全量を鹿島JVが請け負うことになっていたが、この契約を変えれば、新たに北九州市や、まだ実施していない東京都三多摩地域にもがれきの広域化を進めることができる。

河北新報は、2012年9月4日、宮城県が先に石巻ブロックのがれきの処理で契約を結んだ鹿島ＪＶとの契約変更（ｐ１５０の図表６）などについて、９月の県議会で諮ると報じた。以下に記事を引用しておこう。

がれき処理４９２億円減額　石巻地区と亘理、宮城県変更へ

「河北新報」（２０１２年９月４日付　一部要約）

宮城県は３日、東日本大震災で発生したがれき総量が当初推計より大幅に減った石巻地区（石巻市、東松島市、女川町）と亘理町の処理委託契約について、契約総額の20％に当たる計４９２億円を減額する方針を決めた。11日開会の県議会９月定例会に契約変更に関する議案を提出する。

石巻地区はがれき量を当初６８５万トンと見込んだが、ことし７月に精査した結果、３１０万トンに半減した。津波堆積物も２８０万トンから43万トンに減った。

亘理町はがれき86万トンが47万トンに、堆積物が85万トンから70万トンにそれぞれ減少し、処理費自体は１５９億円減った。

河北新報では金額の問題に焦点が当てられているが、注目すべきは６８５万トンの予定が３１０万トン、元の量の45％に下方修正された点である。削減量は３７５万トン（55％）である。がれきの処理費用については、被災地の市町村に、処理量に応じて国から補助金がほぼ

100％支給される。市町村が県に委託した場合は、その量に応じて県に補助金が支給される。さらに、県が受託した分を広域化したときには、その量に応じて広域化先の自治体に支給されるようになっていた。したがって、がれきの量＝お金と考えていい。そのがれき量が、685万トンと計量していたものが、55％も変更修正されたのである。もし、半分量しかないことを最初から把握していたとしたら、官民癒着の腐敗は、底知れないレベルであるし、知らなかったとしたら、まったくいい加減にやっていたと批判されても仕方がない。

ちなみにこの段階でも、二重カウント問題についての釈明はなかった。

北九州市へのがれき持ち込み強行

宮城県発のがれきの広域化は、全体としても、環境総合研究所や奈須りえ氏らの合同調査チームが明らかにしたように、合理的根拠に欠けていた。その上、石巻ブロックについては二重カウントされ、実際には広域化するがれきが存在しないことが判明した。違法ながれき処理だったことが明らかになっても、受け入れの旗を降ろさなかったのが東京都と北九州市で、両地域へのがれきの広域化が、この後も図られた（図表9）。

そのために宮城県は鹿島JVとの契約を変更し、新たに契約した310万トンとは別に、広域化分を用意することで、二重カウントによる架空計上を避ける手立てをとった。しかし鹿島JVとの契約は、685万トンと津波堆積物292万トンで合計977万トン。1923億円の契約であり、1トン当たり約2万円弱になる。がれきだけの計算でも1トン当たり2・8万円にしかならない（図表6）。

それが契約解除して北九州市に運び処理することになれば、運送費や処理代金で8万円前後かかることになる。わざわざ契約を変更して北九州に運び、高いコストをかける。しかもこれらは、すべて税金で支払われる。最小のコストで最大の効果を謳った自治法に違反するばかりか、国の補助金事業としても許されるものではない。

ところが宮城県と北九州市は、２０１２年8月31日に契約を結び、北九州市にがれきを運び始めたのである。

当時、宮城県議会では、なぜそうまでして北九州市にがれきを運ぶのかとの質問に、宮城県知事は「お世話になったから」と話した。

このバカげた答弁を聞いた筆者らは、意地と面子で引っ込みがつかなくなったのであろうと考えていた。しかし、実はその時点では隠されていた、ある利権が絡んでいたのである。

※1：池田こみち「必要性がなくなった『がれき広域処理』～公金の行方と法的問題～災害廃棄物に係わる費用の問題」、2012年8月1日 第2回院内学習会配布資料より

※2：青山貞一・池田こみち・鷹取敦・奈須りえ「がれき広域処理の合理的根拠なし 合同調査チーム緊急速報」2012年6月3日、6月6日改訂、6月8日改訂

http://eritokyo.jp/independent/aoyama-democ1525..html

なお環境総合研究所顧問である青山貞一、池田こみちの両氏が主宰する独立系メディア「E-wave Tokyo」のブログ版と動画版においては、「がれき広域処理」特設スレッドを開設し、早い段階から災害がれきの広域処理の問題点について独自の現地調査、リサーチに基づく論考を多数発表しているので、詳細については、そちらを参照して頂きたい。

ブログ版「がれき広域処理」スレッド

http://eritokyo.jp/independent/aoyama-column-gareki1.htm

動画版「がれき処理・除染」スレッド

http://eritokyo.jp/independent/today-column-ewave-gareki.htm

※3：鹿島ＪＶ（特定建設工事共同事業体）。鹿島建設、清水建設、西松建設、佐藤工業、飛島建設、竹中土木、若築建設、橋本店、遠藤興業（いずれも株式会社）で構成。

※４：宮城県による「業務番号　平成23 年度環災第3―２６1号」（２０１1年7月29日付）の技術提案書の提出を招請する告示。鹿島ＪＶのほかに大成ＪＶが参加。

http://www.pref.miyagi.jp/haitai/nyusatsu/ishinomaki/koukoku(teiseigo).pdf

第六章を振り返って

環境省が仕掛けたがれきの広域化に対する各地での闘い。そして環境省との直接の交渉。交渉によって生まれた３２６政府交渉ネット。草の根の闘いが、相互に連携をとりあい全体をにらむ。そんな状況下で、専門家グループが、がれきの広域化の全体像を調べ、分析し、「がれきの広域化には合理的な根拠がない」という指摘に至った。

環境省が全体像を自ら明らかにすることはなかったため、被災県に対する直接的な聞き取りによって、処理しなければならないがれきの量と、処理するための仮設焼却炉の処理能力を把握し、計算することで、県内だけで十分に処理することが可能であることを見つけた。

筆者が広域処理を「不正」だと言うのは、環境省や県が、データを集め、実態を知ることができる立場にあったにもかかわらず、それを公表せず、データを操作して広域化が必要だと言ってきた点に尽きる。

これは、国や環境省、そして県が国民を欺いた行為であり、それは「まさかそのようなことはすまい」という国民の意識によって成立している。要するに、詐欺師の犯罪が成立するには、〝善良な被害者〟がいることが条件なのだ。

一方、筆者らが見つけた二重カウント問題も、県の担当者がデータをきちんと追っていれば、当然知りえたはずである。県は本当に知らなかったのだろうか。もし知らなかったのだとすれば、処理を外部委託するにあたり、まったくチェックを行なっていなかったことになる。がれきの発生量や処理量の調査、処理の計画まで民間委託に任せっきりにしてきた県の問題である。

多くの実務を民間委託し、仕事に汗を流すことのなくなった官僚や県、地方自治体は、一方では国民を騙しても利権を追い求める悪の道に入り、一方で何もかも無関心で、チェックもできない痴呆の世界をさまよっているともいえる。

第七章

広域化を中止に追い込んだ「行政監視活動」

がれきの広域処理は、何よりも放射性物質の拡散のおそれがあった。それだけでなく、経済的な面で考えても疑問のある政策だった。がれきは、逆に地元で処理するのが雇用や被災地住民の心のケアの面でも、ベターな政策と考えられた。江戸時代の宝永の噴火の際に、伊奈半左衛門がとった被災農民の復興事業への雇用策は、いつの時代にも通じるものだった。阪神淡路大震災や中越地震のときにも、この原則は貫かれたが、東日本大震災では取られなかった。

東日本大震災後に進められたがれきの処理で、最大である千数百万トンのがれきが発生した宮城県では、4つのブロックに分けた各地域とも、地元の事業者は跳ね除けられ、巨大ゼネコンが事業を独占してしまった。

震災前から、地方分権・地方自治は、法改定も含め大きな流れとなっていた。しかし、がれき処理で国や環境省が示した政策には、その面影など微塵もない。広域化とゼネコン優先の政策でしかなく、巨額の震災廃棄物処理費は、この方針の下にばら撒くという強権的な姿勢が目立った。そこでは、被災地との絆を掲げながら、やっていることは全く逆で、官僚たちが利権のネタをあさる状況だ。

宮城県庁に環境省の出先機関を設けたというので、何をしているのか聞くと、全国から来るがれきの集積所と作業現場の見学者の調整というので驚いた。宮城県側も、下手に震災対策に口を挟まれては迷惑だという気持ちが働いたために、見学者案内役を〝お願い〟したのであろう。

第六章でも報告したように、がれきの広域化は専門家の分析によって合理的根拠がないと指摘され、その上、県内処理と広域処理を二重カウントする詐欺まがいの実態も明らかになった。

これらの指摘と、受け入れ自治体での市民活動による監視・チェックによって、多くの自治体では受け入れ計画を止めたが、北九州市や東京都では、２０１２年９月前後になって、新たに受け入れに向けて動き始めた。

国会やマスメディアによる監視・チェックが力を持つ時代なら、不正が明らかになれば、即中止や見直し作業に入ることだろう。しかし、現在の日本では、国や環境省やそれに追随する自治体の役人たちは、権力の上にあぐらをかいて、犯罪事実を指摘しても、無視して実行する。これを止める手立てはなかった。

では、国や環境省による法を無視した強引な動きに対して、市民や住民はどのように対処すればよいのだろうか。

役人たちがそれぞれの担当部署において誠実に働き、批判的な声に向き合うようにする。これが最初の一歩だが、行政の公明正大さを自らチェックする機関である情報公開部門や監査委員会を十分に使い切る対応を、まず筆者らは勧めてきた。また住民側も、それ相応の汗をかく必要がある。そのための自主的組織造りも重要だった。

宮城県への住民監査請求

(1)安い契約から高い契約への転換

2012年11月29日、宮城県におけるがれきの広域化のずさんな運用に異議を唱え、宮城県の住民が、地方自治法に基づく住民監査請求を行なった。受理された監査請求に対し、12月26日には、補充意見の聴取が行なわれた。宮城県に結成された「おひさまプロジェクト・宮城」の高橋良と森田眞理の両氏が請求した。

この「おひさまプロジェクト・宮城」は、3ヶ月前の8月末に、宮城県から北九州市に搬出されるがれき搬出反対の闘いに参加した「九州ひまわりプロジェクト(代表・村上聡子)」が、その際、宮城県の市民に提案し、趣旨に賛同した仙台市の住民で結成されていた。

住民監査請求によって、請求人らは、次の2つの事実を取り上げ、問題とした。

①2012年の9月宮城県議会で、宮城県は、がれきの発生量を再調査した結果、県内最大の石巻ブロックのがれき量が半減したとして、同ブロックのがれき処理を委託していた鹿島JVとの契約を変更する議案を提案し、委託した量は、契約前に比べ半減していた。

②その一方、8月31日には、北九州市との間で、2万3000トン、東京都下三多摩地区の清掃一部事務組合に対して6万1000トンの合計8万4000トンの新たな契約を準備し始めた。それぞれの予想コストは、1トン当たり約10万円と約6万円だった。

宮城県は、鹿島JVとの全量契約を、契約変更した。その契約変更によって、一部を広域化に回せるようにして、二重カウント問題は解消した。しかし全量契約は、1トン当たり2~3万円で契約していた。広域化は、6~10万円の経費がかかる。したがって、この契約変更と新たな北九州市や東京都との契約は、安い契約から高い契約への転換であり、誰が説明しても合理性を説明できない不当な契約手続きだった。監査請求ではまずこの点を問題にした。

(2)がれきが減って広域処理の必要がなくなった

宮城県が発表した契約変更の理由は、「再調査の結果、発生量が少なくなった」というものだった。そのため、鹿島ＪＶに渡す予定だったがれきや津波堆積物が、大幅に減ったという説明だ。

しかし、それほどがれき量が減ったのならば、県内の処理能力に大きな余力ができて、広域化の必要がなくなることは明らかである。

したがって、契約変更で３７５万トンも削減しながら、北九州市や東京都に数万トンを新たに広域処理する正当な理由は見つからず、法令上も違法といえる処理であった。

(3)問題満載のがれき処理

上述の２点に加え、変更提案自体が大きな問題を抱えていた。処理するがれきの量が55％減り、津波堆積物に至っては85％減り、全量で委託する処理量は３分の２も減っているのに、減額された契約金額は、１９２３億円の約３分の１の６００億円でしかなかった。全く不合理である。

また補充意見では、石巻ブロックの二重カウント問題についても指摘されていた。

監査請求によって、宮城県発の広域化に終焉をもたらした

住民監査請求は、地方自治法に定められた制度であり、自治体職員（首長を含む行政職員）が違法もしくは不当に公金を使ったときに、住民が監査委員に監査を求めることができる。監査の結果によっては、その公金の支出を取り止めさせたり、すでに支出しているものについては責任者に賠償請求できる。ただし請求の対象は、財務会計上の問題、お金の出し入れや契約に関する問題に限られている。

がれき広域化問題は、放射能汚染—被曝がベースにあったが、環境・健康問題だけでなく、必要性に合理的な理由が見られず、お金の無駄遣いとなるという点も問題だった。

そこで、宮城県の広域処理をチェックする手段として、監査請求は良い選択肢だったといえる。

監査委員は、住民監査請求の書類を読んで、宮城県によるがれき処理実態の酷さに、驚いたのではないかと思う。その意味で監査結果が楽しみであった。監査委員会は監査の上、請求から60日以内に答弁をすることが定められているが、その日は翌2013年1月28日だった。

しかし翌年の1月10日、宮城県の副知事が北九州市を訪れ、北九州市のみならず東京都を含め、宮城県発の広域がれきは、2年の予定を前倒しして、同年3月31日で中止することが発表された。前倒しにする理由はここでも再調査の結果、県内処理が見通せたということだが、もともとがれきがないのは分かっていた訳で、再調査というのは明らかに嘘であった。

おそらく宮城県は、あまりに酷い運営に監査委員から忠告を受け、中止を決めたのが本当のところではないかと考える。

つまり結果を待つことなく、宮城県は、この住民監査請求に対して白旗を上げたのである。

行政の不当・違法な対応に対して、泣き寝入りすることなく、根気強く多くの市民の知恵と情熱を持って対応すれば、勝つことができる。住民監査請求は、行政の監視活動として大きな意義を持つことを今回確認した。しかし住民監査請求は、その自治体の住民に限られる。今回の場合、がれきの広域化の反対に最も積極的だったのは、受け入れ自治体である北九州市の住民であった。そこでネットを媒介にし、北九州での闘いが、宮城県の住民の闘いへとつながることで、成功した事例といえる。

北九州市での闘いの経過を振り返りながら、宮城県の住民と連携した取り組みが、どのように可能だったかを振り返ってみたい。

北九州市での草の根活動

北九州市のがれき広域化との闘いは、最初は講演会による情報の交換と交流から始まった。北九州市の場合、２０１２年4月22日に筆者が講演を行なったほか、木下黄太氏などを講師とした、いくつもの講演会や学習会が各所で催された。そこでのアドバイスを実行に移す人たちが増え、草の根運動の連携を作っていった。筆者が講演した集会の主催者である加来久子さんは、娘さんの健康を心配して行動を起こした、この種の運動に経験のなかった主婦である。講演会の後に開催された交流会に集まった住民らが、その後も連絡を取り合い、金曜日の定例行動を行なったり、行政と交渉することで、さらに連携を深めた。

次に、北九州市市民検討委員会という、住民が主体となった行政への提案・監視組織の結成が重要な位置を占めた。北九州市では、当時の議会各党や会派は、絆キャンペーンの下、北九州市のがれき受け入れを進め、がれき受け入れに向かって大きく動き出していた。受け入れにあたって北九州市は、有識者からなる検討委員会を開いたが、そこに住民の代表や市民推薦者の枠を設けることはなかった。

4月22日の集会では、市長に対し、検討委員会への市民の参加や市民の推薦する専門家の参加を求める要請文を出し、記者会見で発表した。その記者会見では、記者から「要請を断られた場合にはどうするか」と質問が出され、参加者の一人が「自分たちで検討委員会を作る」と答えたことが、結成のきっかけとなった。試験焼却を前にした5月21日に結成集会を開き、300人の住民が参加、テレビやメディアの報道も行なわれた。

参加者に何の制限もない自由参加型で、ネットを通して広く情報交換し、実際に行動もする。こうして作られた北九州市市民検討委員会が大きな役割を果たしていった。

「市民検討委員会」という提案型組織

２０１２年５月21日、第１回の北九州市市民検討委員会（以下、市民検討会）は、北九州市国際会議場の会議室でもたれた。

佐賀大学理工学部の豊島耕一教授を代表に、北川喜久雄医師や斉藤利幸弁護士らが参加。地元の住民に加え、東日本からの避難者、玄海原発反対運動を行なってきた原豊典氏など周辺自治体の面々、さらに全国から、山本太郎参院議員や木下幸太氏、筆者も加わった市民検討会は、さっそく独自の調査活動を開始した。

市行政が開催した検討委員会は、環境省の見解をそのまま会の見解とし、住民の心配する点にほとんど触れることがなかったが、市民検討会では、「持ち込まれるがれきの汚染の心配」「バグフィルターで放射性物質は除去できるのか」「がれきの受け入れは復興支援につながるのか」「低線量内部被曝の影響」などについて議論を重ねた。

市民検討会は、１００人は入る大きな会議室を準備し、委員のメンバーは、コの字型に参加者に向かって座り、参加者の質疑も交えて自由な意見によって議論をつくっていく形を取った。ネットの情報だけではなかなか理解できないことも、一緒に考えていくスペースとなっていた。

がれき問題では当時、すでに全国で住民運動が展開されていたが、専門家、住民運動の経験者と住民がともに参加した組織は、おそらく北九州市が初めてだった。

北九州市は福岡県の2つの政令指定都市の一つ（もう一つは福岡市）であり、九州地方で受け入れを検討している自治体は、こぞって北九州市の動向を探るという状況にあった。それだけ、市民検討会での議論や調査内容は、九州全体のがれき問題に取り組む自治体や住民運動に大きな影響を与えた。

市民検討会の第1回の会合は定員150人の広い会議室で行なわれたが、300人を超す参加者が集まり、お子さんを抱えながら床に座る人の姿も見られた。廊下まで人が溢れ、テレビをはじめ、様々なメディアの取材が入り、大変な盛り上がりとなった。司会の村上聡子氏（事務局）は、全国でも初めてという市民検討委員会の運営を、臆することなくてきぱきとこなした。時間がなく、ほとんど打ち合わせができなかった中で、十数名の委員から発言を引き出し、テーマに沿った進行を行なった。

終了後には会場から北九州市庁へのデモを企画したが、大阪からはるばる駆けつけた山本太郎議員を先頭に、ネットの中継で知った住民を集めて、市庁につくころには450名ほどになっていた。

同時期、試験焼却の実施のための説明会が準備されていたこともあって、この取り組みは大きな輪となり、ネットを通じて広まった。村上氏らが作ってきた「ひなんしゃお話の会」、そして「ひまわりプロジェクト」のブログは、がれきの広域化と闘う全国の市民が注目するブログとなった。

市民検討会は、第2回、第3回と開催され、一方で始められた調査活動によって二重カウントの不正が分かり、がれき広域化を大幅に縮小させることに貢献した。

行政監視活動

草の根の市民運動、提案型の市民検討委員会を経た監査請求の最大の成果は、宮城県に従来の方針を変えさせ、北九州市のみならず、東京都や茨城県も含めて、２０１３年３月末でがれきの広域化を終息させると宣言させたことにある。

先に紹介したように、監査請求が問題にした点は、がれきが減っているのに全国に持っていく必要があるのか、なぜ全国に運び、高いお金をかけて広域化しなければならないのかというものだった。広域処理に余分なお金をかけるのなら、被災地の復興資金に回すべきだということだ。請求人となった宮城県の住民は、被災者の声を代表して請求したともいえるだろう。

がれきの総量が減り、広域化の８割以上を占めていた石巻ブロックで、がれき量も津波堆積物も大幅に削減された。このような状況であったにもかかわらず、環境省と宮城県は、２０１２年８月から９月にかけて、北九州市へのがれき搬出を強行し、東京都多摩地区との新たな搬出契約を結んだ。

がれきの処理費は復興資金から拠出されているが、復興資金は国民からの復興税の徴収などを財源としている。一銭たりとも無駄な使い方は許されないものだが、官僚たちはまるで国民から搾り取った血税であるといった認識がなく無駄遣いを続けた。

この宮城県から北九州市へのがれきの持ち込みについては、北九州市の斉藤利幸弁護士を中心に、試験焼却の実施によって影響を受けた住民による、1人1万円の賠償請求を求める民事訴訟が、宮城県と北九州市に対して提訴され、142人が原告となって闘った。

宮城県民による行政の無駄を問うた住民監査請求が力を持ったのは、こうした数々の取り組みが効を奏したからと考えられ、その結果、北九州市を除く、九州全域で広域化は断念され、全国でも中四国、大阪市を除く関西、中部地域などが広域処理からの撤退を表明した。

振り返って、住民の闘いは、地方や国政の議会への陳情や請願、そして議員を送り出すことだけでなく、「情報公開請求」によって行政の施策の背景を分析し、ある場合には「提案型市民組織」を作り、「住民監査」や「民事行政訴訟」によって、行政をチェックするという方法がある。これらは戦後民主主義の中で培ってきた、市民の持つ正当な権利であり、行政の暴走を地方議会でチェックできないときに、デモや署名活動のほかに、こうして違法や不当な点をチェックすることで、企みを打ち砕くことができる。いわばこれらの活動は、草の根的「行政監視活動」である。

その際、行政に対して意見書や要望書を提出し、メディアに情報提供すること、メディアの記者を味方にする努力は必ず必要である。

北九州市での市民活動や326交渉ネットの活動はその有効性を示すことができた。

なお宮城県の住民監査請求の結果は、「監査請求を却下する」という判断を示し、請求で具体

女川町のがれき集積所（2012年11月8日）。筆者撮影

的に問うた各論については、「参考」という形で、意見を述べるにとどまった。

却下の理由は、「自治体に損害が発生しないものについては、住民監査請求はなじまない」と判例（※1）を示した。平たくいえば、今回のがれき広域化については、かかった費用は100％国の交付金（補助金）で賄われるため、自治体の財務に関わる住民監査請求になじまないというものである。

しかしこの判断の元になった判例は、国政選挙において選挙事務を手伝った自治体の選挙費用に関するものであり、「国の補助金が100％出ている事業」は、今回のように市町村が主体的に行なう事業でもその良し悪しを住民が問題にできないということになってしまう。それこそ暴論となる。

監査結果は、「判例」を持ち出し、抽象論で逃げ、請求人が問題提起した「広域処理の必要性」「委託価格」「北九州市搬出分の契約の再々委託、二重契約」「東京都搬出分」については本論として反論するのではなく、「参考」の中で、申し訳程度に各論に触れている。おそらく各論に入ってしまえば、監査委員会としても行政を擁護する論の展開が不可能だったのであろう。その結果、監査請求を却下しながら、一方で宮城県全体の処理を終息させることになったと考えられる。

※1：大阪高等裁判所、平成2年5月31日判決、平成元年【行コ】第7号。「住民訴訟」著作伴義聖・大塚康男　発行ぎょうせい　P76第5節（住民訴訟の対象）より

第7章を振り返って

がれきの広域処理に合理的な必要性がなく、しかも二重カウント問題まで明らかになり、広域化が復興資金の〝犯罪的ムダ遣い〟であることが指摘された段階でも、国や地方自治体は、自らの持つ権力を背景に不正行為を進めた。

その際、民主的な手立てで、これをどう阻止するかが問われた。

今回、北九州市などへのがれきの持ち込みに際して、これをストップさせた住民監査請求などの活動は、従来型の運動とどの点で異なり、どのように位置づけられるのだろうか。

法や正義に反して、行政が問答無用の力で政策を進めるときには、住民側は、その政策の問題を、世に広く訴えて不正を糾弾したり、その社会的責任を問うたりしてきた。しかし多くの場合、メディアが大きく取り上げ、反対世論が高まっても、その政策を中止させることはほとんどできなかった。

翻って、行政はもちろん「不正」を不正として進めるわけではない。何らかの装いを作り、隠すことで、目的を達成させる。今回のがれき広域化の場合、彼らが大義名分として掲げたのは、絆キャンペーンだった。被災地の一刻も早い復興のために、がれきの処理は必要、と訴えたのである。

そして、残念なことに、政策に反対する住民の声をマスメディアが正しく伝えることは少ない。ひどいときには、どのような声が上がっているかの事実を伝えることなく、「反対のための反対運動だ」などと一くくりにして、無視する場合もある。

これらに対して住民側は、被災地でのがれき処理が、被災地の雇用と復興につながり、広域化はむしろそれに反すること、また被災地でがれき処理体制が進み、コストのかかる広域処理は必要なくなってきたことを事実としてつかみ、経済面で大きな問題があることを指摘した。

一方、今回の闘いにおいては、放射能汚染問題は、〝隠れた主役〟の位置にあった。もちろん、住民側から指摘され、行政側は「汚染のおそれはない」「非汚染地域には運ばない」「汚染されていてもバグフィルターで除去できる」と根拠のない説明をしたが、それらは後を追うように破綻している。

したがって、今回の闘いは、

①インターネットをツールとして、

②情報公開請求などによって、広域処理の実態をつかみ、

③環境と経済性の両面で問題があることをつかみ、

④これらの住民側の活動過程をオープンにして、メディアに届け、

⑤行政の責任を問う住民監査や住民訴訟として訴えた。

従来型の活動を「抗議・弾劾型運動」だったとすると、今回実践された新たな運動は、「提案―不当・違法チェック型運動」といった特徴を持っていたように思う。

ネットを駆使して情報交換を自由にできる時代では、行政の行なう計画そのものの妥当性を、私たち自身が判断し、その内容を客観的に広く示し、提案を行なうことができる。

私たち自身の考えを提案として形にしていくことができれば、その提案と比べて、がれきを受け入れることが、あるいは焼却炉を建設することが、どれだけお金を無駄にし、安全性でも劣っているのかを示すことができる。

そうすれば、行政の事業が不当で違法なものであることも、よりはっきりと示すことがで

きる。これが筆者を含め、今回の北九州の事例で見た「提案―不当・違法チェック型」の新しい運動だったように思う。

なお自治体が進める政策をこの「提案―不当・違法チェック型」の運動によってチェックするときには、住民監査請求とそれを条件とする行政訴訟は、住民サイドの大きな武器とすることができる。ただしここで問題にできるのは、環境影響の問題ではない。財務会計上の不当・違法性しか問えない。その意味で、がれき広域化問題では、環境影響とは別に、経済性の問題を整理した。そしてそのことが、的確な監査請求を出すことができた後ろ盾ともなっていたといえる。

市民同士で立場の違いを超えて共通理念をつむぎだし、その一方で、行政の強引な動きには、毅然としてチェックを行なう。そして、あるべき民主的な手順を、あらゆる可能性を探りながら進めていく。これが今回、実現した新たな運動の形態だったように思う。

第八章

がれき広域化の終焉と資金流用

２０１３年1月10日、宮城県発のがれきの広域処理が、予定を1年繰り上げて、年度末の３月31日で全面的に中止することになった。

残るは岩手県発のがれきだけになった。しかしこの岩手県のがれきも、すでに処理が終了しつつあった。埼玉県は、２０１２年9月に岩手県野田村から1万トンを受け入れ、２年間で処理する契約をしていたが、実際には１０００トンしかなかったとして、２ヶ月半後の２０１２年12月で終了した。静岡県へは、山田町から持ち込み、２万３５００トンを処理する計画だったが、翌1月末に３５００トンしかなかったとして終了した。静岡新聞がスクープしたものだ。

これらはいずれも２０１２年の11月に再調査した結果分かったと報じられた。

がれき広域化の終焉は、もう時間の問題となっていた。

広域化終焉の中で受け入れを始めた自治体

しかし宮城県発がれきの全面終了や、岩手県発の埼玉県や静岡県への持ち込みの終了が発表される中、それらの動きを馬耳東風に、岩手県発のがれきの受け入れを始めようとする自治体もあった。大阪市と富山県である。

こうして岩手発のがれきの広域化は、２０１３年2月以降も続けられ、大阪市には岩手県宮古市から、富山県には山田町から持ち込まれようとしていた。大阪市と富山県は初めての持ち込みである。ほか、秋田市には野田村から、4月以降も継続して持ち込みが予定されていた（秋田市

県内、がれき広域処理完了へ

岩手の2町分

「静岡方式」全国波及

東日本大震災で発生した震災がれきのうち、岩手県山田、大槌両町の木くずの広域処理が計画より1年早く、2012年度内に完了する見通しになった。21日までの関係者への取材で分かった。試験焼却で安全性を確認し本格受け入れに踏み切る「静岡方式」が全国に波及したことが、広域処理早期完了の要因の一つに挙げられる。

＝関連記事26面へ

政府による静岡県への山田、大槌両町の木くず受け入れ要請量は、従来の2万3500トンから大幅に減る見通し。環境省が近く、詳細を公表する。

本県は全国に先駆け県市長会、県町村会が本格受け入れに向けた共同声明を発表し、島田市を先頭にして複数の自治体が受け入れ作業に入った。被災地では不燃物や木くず以外の可燃物の処理作業は依然として滞っているものの、復興に向けた広域支援の具体的成果が表れた。

関係者によると、処理の前倒しは広域処理の広がりに加え、①山積みされた可燃性混合物の中に混じる柱材、角材が想定より少なかった②長期間の野積みで木くずが分解・劣化③土砂との混合―などが要因という。

現在受け入れている島田、静岡、浜松、裾野の4市のほか、富士市は受け入れに関する住民説明会を今週開き、最後まで広域処理に協力する可能性を探る方針。県は処理計画を一部見直した上で2月上旬、市長会と町村会に状況を説明する。

Q 震災がれきの広域処理　東日本大震災で大量発生した災害廃棄物のうち、被災地で処理しきれないがれきを全国の自治体が肩代わりして処理する取り組み。静岡県は被災地支援に当たった岩手県山田、大槌両町の木くずを集中的に受け入れる計画を表明した。政府は当初、本県に7万7千トンの処理を要請したが、がれき量の精査で要請量は2012年8月、約3分の1の2万3500トンに減った。

静岡新聞
（2013年1月22日付）

は、市民が住民監査請求を行なうことで、最終的に4月以降の持ち込みを中断した）。

しかし岩手県では、すでに前年の11月にがれき量の再調査を行ない、広域化が必要かどうかは分かっていたはずである。この点を岩手県の担当部署に取材したが、明確な返答は先延ばしされたままだ。

がれきの処理費は、被災市町村、被災県、広域化先自治体の区別なく、処理にかかった費用は国の復興資金から補助される。広域化にかかる費用は、被災地での処理に比べて、運送費だけで処理費分と

図表1　岩手県発のがれきの広域化―受け入れ状況　（単位トン）

	当初の受け入れ量	契約時	終了時
埼玉県（←野田村）	5万	1万	1000
静岡県（←山田町）	7万7000	2万3500	3500
大阪市（←宮古市）	8万	3万6000	1万5500
富山県（←山田町）	5万	1万800	1200

同額ほどがかかり、費用全体で見れば、被災地で処理するより倍額以上かかる。その意味でも必要性を吟味して選択がなされる必要があったが、がれきを出す側の自治体も、受け入れ側の自治体も、貴重な復興資金から出されることを意識するような気配はなかった。

がれきの広域化は宮城県、岩手県の両県で当初400万トンが計画され、そのうち約15％の57万トンが岩手県だった。その計画が発表された時点と、広域化の契約時点、そして終了時点でのがれきの量を表にすると図表1のようになる。

これを見ると、予定量や契約量が大幅に変更されていることが分かる。しかもそれらがチェックされた形跡もない。

2012年12月末に終了が発表された埼玉県では、がれきは当初の50分の1になり、2013年に終了が発表された静岡県では22分の1になるなど、広域化必要量が当初の予定より激減していた。契約時に比べてもそれぞれ10分の1になったり、約7分の1になったりしている。

一般の商社会では、このような契約変更はあり得ない。企業がこのようにずさんな事業を行なっているのが分かれば、当然取引を見直したり、中止することになる。実態の究明・確認作業は不可欠である。

こうして２０１３年1月末にはがれきの広域化必要量が激減していたにもかかわらず、大阪市は2月から宮古市と新たに契約を結び、受け入れを開始している。富山県に至っては、５月以降の受け入れ開始である。

宮城県だけでなく、岩手県においても広域化終了の動向が顕在化する中で、なぜ、がれきの受け入れに走ったのか。調査の結果分かったのは、被災地のためにがれきを受け入れるのではなく、がれきの受け入れを口実に復興資金を流用するという、環境省の隠された狙いであった。

この時期、３２６交渉ネットの主催で開催された「震災がれき広域処理最終決着に向けた全国交流集会」（２０１３年2月12日、参議院議員会館）で、筆者は事務局の一員として問題提起を行なったが、その内容が文字に起こされ、インターネット上に「がれきの広域化は、もうやめなはれ」と題して掲載された。以下に転載しておこう（一部要約）。


がれきの広域化は、もうやめなはれ（交流集会発言録）

http://gareki326.jimdo.com/（き〜こさんの文字起こし）より

まず、この間、がれきの広域化問題で一番大きかったことについてですが、みなさんお手元の資料にあります新聞記事をご覧ください。

〈宮城県発のがれきの終息を突然発表〉

2013年1月10日に、宮城県の副知事が「北九州に行く」という話が入りまして、多分これは、「宮城県から北九州に持っていくがれきを終息させる」という意味の発表なんだろう、と思っていましたところ、ちょうど1月10日の昼過ぎですね、北九州の斎藤弁護士から私の方に情報が入りまして、「やはり終息するみたいだ。朝日新聞からコメントを求められた」と、まず第一報が入りました。

ただ、その後もそのまま、そういう情報がインターネット、いま、インターネットの方が早いですから、インターネットで流れちゃうとですね、新聞の役割がなくなるという感じがあるので、朝日の方からですね、「あの話はちょっと曖昧だった」、といった話が流れてきまして、また、1時間後ぐらいに共同通信から、やはり取材を求められたので、「これはいよいよ間違いないな」ということになりました。

さらに、宮城県の住民監査請求を出して下さった住民の方に連絡して、宮城県は、この問題をどういう形で取り上げているかを問い合わせました。翌日の1月11日に、北九州市の西日本新聞、朝日新聞、毎日新聞が掲載した記事を皆さんに資料としてお渡ししています。

宮城県では河北新報が「宮城県の可燃がれき広域処理　1年短縮、年度内終了　県方針」としていますが、これはちょっと、河北新報としては遠慮した表現かなという気がします。これでがれきの広域化が終息するというふうには、なかなか受け取れないんです。「1年短縮」では何の

〔第3種郵便物認可〕【新聞定価1ヵ月3,925円（本体3,738円）】1部売り（消費税込み）朝刊130円 夕刊50円　　毎　日

震災がれき処理3月終了

北九州　予定1年前倒し

宮城県の若生正博副知事は10日、同県石巻市の震災がれき処理を委託している北九州市を訪れ、終了時期を今年3月末とする方針を伝えた。同市は西日本で唯一、震災がれき処理を引き受けたが、当初予定の14年3月末から1年前倒しとなる。石巻市周辺の総量が想定を約36%下回り、13年度中に県内で処理できると判断した。【宍戸護、内田久光】

賛否両派とも市民安堵

宮城県によると、石巻市周辺の可燃性がれ　きは当初約141万㌧と見込んだが、土砂の　割合が想定以上に高く、解体家屋が修復で済むケースも多いことが判明。昨年12月、推計量を約51万㌧少ない約90万㌧に修正した。

北九州市と東京都、茨城県の3自治体に委託している計約11万㌧を今年3月までに処理できれば、残る約79万㌧は宮城県内の施設で全て処理できる見通しが立ったという。

「復興に弾みがついた。何よりも大切なところで支援いただいた」。北九州市役所を訪れた宮城県の若生副知事が礼を述べると、北橋健治市長は「大変うれしい」と語った。副知事はがれき処理の委託終了を予定より1年早い3月末にすると報告。北橋市長は「来年の春までに処理を完了できるめどがつき喜ばしい」と答えた。

受け入れを巡り、一時は逮捕者が出る騒ぎに発展したが、1年前倒しの受け入れ終了に、賛成派、反対派とも「良かった」と安堵の表情を浮かべた。

昨年6月に市が行った住民説明会に、賛成の立場で参加した同市小倉北区の中井校区自治連合会長、甲斐幸子さん(73)は「困った時の支えあい、思いやりがあって初めて絆づくりができる。市が最低限できることをした結果、石巻のがれきが減って良かった」と喜んだ。

一方、受け入れ反対の市民団体「ハイキブツバスターズ」共同代表で内科医の北川喜久雄さん(57)＝同市八幡西区＝は「当初から受け入れは必要がないと主張してきた。受け入れ終了と聞いてうれしい。市はもっと丁寧に市民に説明すべきだった」と話した。

市は昨年5月、試験焼却用の震災がれき約80㌧を受け入れたが、反発する住民らがトラックの搬入を阻止。男性2人が福岡県警に公務執行妨害容疑で逮捕された。その後、北橋市長は受け入れを表明し、9月から本焼却を始めた。

市によると、市内3カ所で放射能濃度が1㌔当たり100㏃以下の木くず中心のがれきを1日約110㌧、昨年末までに計約1万2200㌧を焼却。焼却灰は埋め立て処分されているが、これまで灰などの放射能濃度や大気中の放射線量に異常はないという。

石巻市の川口町1次仮置き場＝石巻市提供

◆北九州市における震災がれき受け入れの経緯◆

【2012年】

3月12日	北九州市議会が市に受け入れを求める決議案を全会一致で可決
25日	細野環境相（当時）が北九州市を訪れ、北橋健治市長に石巻市のがれき受け入れを要請
5月22日	試験焼却用がれきが北九州市に到着。福岡県警は倉庫搬入を阻止した反対派２人を公務執行妨害容疑で逮捕
23日	がれきの試験焼却スタート。３日間にわたって市内２工場で80㌧を処理したが、空間放射線量の異常は確認されず
31日	がれき焼却の安全性について有識者検討会は「心配ない」と結論
6月6日	市民に説明するタウンミーティングに定員の約２倍の約1000人が参加
20日	北橋市長が市議会で、がれき受け入れを表明
7月27日	反対派の市民らが市と宮城県に損害賠償を求め提訴
8月31日	北九州市と宮城県は、12年度分のがれき約２万3000㌧の処理委託契約を約６億2200万円で締結
9月13日	がれきの専用コンテナ船第１便が到着
17日	がれき焼却が市内３工場で始まる

「さようなら原発」大江さんアピール

東京電力福島第1原発事故を受け「さようなら原発1000万人署名」運動に取り組むノーベル賞作家の大江健三郎さんらが10日、東京都内で記者会見し「活断層だらけの日本で、原発を増設・稼働させようとする自殺行為は許せない」とするアピールを発表した。

安倍政権では、茂木敏充経済産業相が「安全性が確認された原発は、原子力規制委員会の判断を尊重して再稼働を進めていく」と発言しており、大江さんらは対決姿勢を打ち出した。

毎日新聞（2013年1月11日付）

ことか分からないですよね、みなさん。それに比べると、朝日の方が「可燃性がれき、広域処理終了へ」と分かりやすい見出しです。

ところが、この問題に取り組んできた皆さんはご存じのように、「がれきの広域化」ということで組上に上がっていたのは、木くずを中心にした可燃物ですよね。全国の、市町村の清掃工場の焼却炉を使って燃やして欲しいということで、全国でがれきを広域処理するとして、世の中を騒がせてきたんです。そうすると、「可燃性がれきの広域処理終了」ということは、「宮城県発のがれきは終了する」ということです。

それだけではなくて、もうちょっと事情を知っている方は、こういう事実を知っている。確か、がれきの広域化の9割は、宮城県だったはずです。9割の宮城県が終わるということは、もうこれは、がれきの広域化はおしまいじゃないかって。

皆さん、もうひとつ、昨日（2013年2月11日）の東京新聞。佐藤記者さんもおみえになっていますけれども、東京新聞で報道された、「広域処理来月末で大半終了」、こういう見出しが本当は欲しかったんです。

〈埼玉・静岡も終息〉

9割を占めていた宮城県が終了するということだけではなくて、岩手県発のがれきも、この1月10日と前後して終了していますし、埼玉県に持ってこようとした岩手県野田村のがれきについては、去年（2012年）の12月25日で終了しています。

去年9月6日に、新たに埼玉県が1万トンを2年かけて搬入・処理するということになったのですが、たった2ヶ月半で「終了」していたんです。なんで2ヶ月半で終了していたかというとですね、これはもうお笑い草で、当初「1万トンあるはずだ」ということで2年契約したんだけども、よくよく見てみたら「1000トンしかなかった」。10分の1ですよ。

で、なぜ、そういう誤りをしたのかっていうと、木くずのがれきの山の中に土砂の山があって、それを見落としてしまったという。これはテレビだとか、一般の報道では、「木くずに付着して

反対派の指摘当たる

結局は税金の無駄遣い

ゼネコン　利権に群がる

広域処理

来月末で大半終了

がれき　当初予測の6分の1

「広域処理来月末で大半終了」東京新聞（2013年2月11日付）

いた土砂を見誤った」というふうに報道されているんです。でも正確に言うとですね、「土砂の中に混じっていた木くず」という実態だった訳です。

これは、調査会社が調査して、測定してきた上でこういうことになったわけで、ハッキリ言ってこれは、プロの仕事じゃないですね。調査した会社に、「契約金を返せ」というくらいの話です。こんな話が、メディアを通して、「点検なし」にされているわけです。

じゃあ、静岡県はどうなのか。静岡県も、岩手県から持ってくる予定です。山田町と大槌町で２万３５００トンです。それが、静岡県も1月22日に静岡新聞がスクープしまして、静岡新聞が、「県内、がれき広域処理終了」ということを報道したんです。静岡県の場合は、２万３５００トンの予定が３５００トン。７分の1です。

宮城県の終了の理由にしても、岩手県から埼玉県、静岡県に持っていく部分の終了の理由にしても、もう一度測定したら半分になっていた、とか、10分の1になっていたとか、何分の1になっていたとかという話になっている。ハッキリ言って、これを信じる人は誰もいないと思います。

では、一体何だったのか、なぜこんな話になってきたのか、ということですね。そのことについて実は、環境省への質問書で、いろいろ述べているんです。

もともと、昨日の東京新聞でも書いていただきましたけれども、環境省のがれきの数量、広域化の必要量は、皆さん、多分数字を覚えておられると思うんですが、当初約400万トンだったんですね。400万トンのうち344万トン、約9割が宮城県で、57万トンが岩手県、そういうあんばいになっていたんです。宮城県発のがれきということで言うと、約11万トンを、3月30日までに処理すればおしまいだという。344万トンの数%です。数%で終了です。

これは明らかに、政策が間違っていたのか、あるいは、この汚染のおそれのあるがれきを全国にばら撒くということについて、全国の住民のみなさんからチェックを受けて、結局あきらめざるを得なかったということです。

〈広域処理を今すぐ止めさせよう〉

いずれにせよ、このがれきの広域化はもう「破綻した」ということを、私たち自身は、大きくはメディアのみなさんは、全国の住民の皆さんに伝えていかなければいけない。そのことが十分に伝わっていないために、大阪ではまだ運び込もうとしている。富山県でもそうです。

皆さん、考えてみて下さい。富山県に持ってこようとしているのは、山田町からです。静岡県も山田町。静岡県はもう、山田町にがれきがないからということで、終了宣言をしている。

この件について、「もういい加減に諦めたらどうか」と岩手県の担当者に聞きました。そうしたら、岩手県の担当者はこういうふうに言うんです。「静岡・埼玉に持っていこうとしていたのは木くずであった」「富山県は、可燃物ということで受け入れを検討していた」「木くずはないけれども、可燃物はあるんだ」と言うんです。

ただ、富山の人から、後から報告があると思うんですけれども、富山にしてもですね、大阪にしても、可燃物と言っていますが、「木くずを主にした可燃物」という説明会での説明でした。木くずがなかったら、燃やすものがないんで、もうおしまいなんです。埼玉県が中止になる、静岡が中止になる、これが全てですね。「がれきの総量を間違って計算していた」と、そこに問題の根本があったというんです。

そうしたら今、大阪に持っていこうとしている、そういうのを含めてですね、「見直しはどうなっているんですか」って聞いたんです。すると「現在見直し中です」って言うんです。で、担当者だけだとちょっと困るので、岩手県の知事さんにも質問状を出しました。そうしたら知事さんも、「比重の問題を含めて、今精査中です」と。

皆さん、ちょっと考えてみて下さい。がれきの総量が、今「もう一回見直し中だ」っていうんですよ。県内で処理できる量はどれだけかと尋ねると、それも「見直し中」って言うんです。じゃあ、どうして大阪に持っていく、富山に持っていく、秋田に持っていくっていう話が出てくるんですか、と聞くと「ムニャムニャムニャ……」。

このムニャムニャと同時に彼らが答えたのが、「環境省と調整してお答えします」という返答でした。だんだん見えてきますよね。

がれきの広域化をしたくてしたくてたまらなかったのは、環境省で、どうも市町村は、補助金を貰おうとかそういう中で、身動きが取れなくなってきていたんだという実態です。

今回のこの、全国交流集会は、私たちの位置づけとしては、環境省を呼び出して、3月に、環境省交渉をやろうということを考えています。で、その前に、具体的に、議論をある程度煮詰めて準備しておこうということで、2月6日に、今お見えになりました川田龍平議員の事務所で、環境省の役人6人を呼んでいただいて、事前折衝をしました。

〈環境省の仰天する答弁〉

その事前折衝の中で、一番の問題ですね、「もともとがれきの広域化は本当に必要だったんですか?」、この点について聞きました。そうしたら結構、素直に答えてくれました。

「もともと宮城県の場合、県として処理しなければいけないがれきは、ゼネコンにすべて委託していたはずだ」「全国広域化といって持っていくがれきは、1トンたりともなかったはずじゃないですか」。この点を言ったら、こういう答えが返ってきました。「宮城県は、確かにゼネコンに委託した」と。

ただ、ゼネコンが、県内で処理できる部分のほかに、「県外処理」ということを考えている。県外の産廃業者や関連業者を使って処理する、ということを考えた。県外処理についてはことごとく、その産廃業者が所在する自治体に断られた。それで、県外処理ができなくなったので、広域に回す、というのが経過だったんだ、という話です。

こんな話は多分、みなさん聞いたことないですよね。彼らも、そんなことは言ったことがない。言ったことはないんだけど、そういうふうな答弁をしてきた。

だけど、普通に考えれば、自治体が、ある業者にがれきを委託していて、その業者との契約を変更しないで、同じがれきを別の目的で持っていけば、これは二重契約になるんです。そんなことはやらないんです。

先の返答は、我々の調査で分かってきたからそういうふうに言うのであって、じゃあ、「実際はどうなんですか。二重契約になるじゃないか」って言ったら、「二重契約にならないように、宮城県で契約変更をした」と言う。だけど、宮城県で契約変更をしたのは、去年の9月。契約の一番最初は、一昨年の9月です。がれきの広域化というのは、おととしの秋からもう進んでいるわけです。全くありもしない話です。

そういうことが、この間の事前折衝の中で明らかになってきました。がれきの広域化はストップできました。じゃあ、全ての問題は解決するかというと、これは、被災地で、がれきを今後、本当に処理していく。安全性を気遣いながら、安全性をチェックしながら、どう処理していくかというのが、今後大きな問題になっていきます。〈引用終了〉

2013年のこの交流会から数ヶ月後、筆者は富山と大阪に焦点を当て、月刊誌「紙の爆弾」2013年8月号に「がれきの持ち込み詐欺の実態」をレポートし、誌面上で石原伸晃環境大臣に〝勧告〟した。その後の8月には、突然、富山県も大阪市も中止することになった。それは同誌の10月号に「環境省が隠したい『不都合な真実』」として書いた。以下に掲載する。

大阪市や富山県ががれきの広域化は、がれきの処理が進むのに合わせて、計画上の過大ながれき量との辻褄が合わなくなり、次々と終了することになった。岩手県の達増拓也知事への質問状、情報開示請求に対して出された岩手県がれきの広域化の一覧表が黒塗りで出されたり、全ての情報ががれきの広域化は必要がないことを示していた。以下、「紙の爆弾」の記事を引用する。

がれき持ち込み詐欺の実態――石原伸晃環境大臣に問われる責任

「紙の爆弾」（2013年8月号）

ガレキの広域化政策を巡り、環境省の復興予算流用問題から目を離せない。ガレキの受け入れを行なっていない自治体に、手を挙げただけで復興予算から交付金（補助金）が支給されていた復興予算流用問題。四月十九日に環境省は「今後、厳密に対応する」「いままでのものは返還を求めない」と発表した。

一方、市民団体や専門家による調査チームが、86億円もの巨額の金を受け取った大阪府堺市や富山県高岡市などについて調査を行ない、手さえ挙げていない自治体に、環境省が強制的に支給していたことが分かり、国会でも追及が始まった。

２０１３年6月11日午前に開かれた参議院環境委員会では、平山誠議員（みどりの風）が石原伸晃環境大臣に対し、「広域ガレキ処理を表明した自治体に、ガレキ処理しなくても復興費を支給すること自体おかしいのに、表明をしていない自治体に支給される、断っている自治体に支給を決める、これ、誰が見てもおかしいですよね！」「国民が25年間、所得税２・１％と来年から10年間、住民税１０００円上乗せで賄う復興資金」「返さなくともよいという判断は納得いかない」と質問に立った。

しかし、石原大臣は、「前政権が決めたこと」と言いつつ「災害後の状況のなかで仕方のない措置」と追及しない姿勢を示し、あらためて環境省の役人の「返還を求めない」という判断でよいとした。石原大臣の他人事のような対応と非常識な判断は、どこから来るのだろうか。

ガレキの広域化は〝絆キャンペーン〟の下に、ガレキの処理を手伝うことが被災地の復興に繋がると、環境省の旗振りで始められた。ところが今回の事態は、ガレキの受け入れにかこつけて復興予算を流用するものであり、被災地の復興に役立たないばかりか逆に復興の足を引っ張る、許されないものである。

石原大臣が国民に謝罪しないのは、ガレキ広域化の受け入れの先鞭をつけたのが、父親である慎太郎・前東京都知事だったからなのか。いずれにせよ大臣の謝罪と現在も続けられている大阪や富山へのガレキの持ち込みを中止することなしには、もはや事態は収まらないところにきている。

〈メディアの批判に環境省が「反省」を装う〉

手を挙げただけで交付金を出す——この復興予算流用問題に対し批判の声が高まるなか、2013年4月19日、環境省は「ガレキ受け入れ『確実』なら交付金としたい」「一般の理解をいただくためにも対象は厳密に考えるべきだった」と一見、反省するような発表を行なった。NHKや時事通信、読売新聞などが、早速この環境省の〃反省発表〃を大きく報道した。

環境省は、当初の説明では、「ガレキの広域化に対し、反対の声のなかで協力自治体が少なく、協力自治体を増やすために交付金を支給することを提案した。ガレキを引き受けたあと、焼却炉のメンテナンスが必要となる。それを手当てすることを提案した」と釈明してきた。あくまでガレキの広域化を進めるための窮余の策だったという説明だ。

しかし、もともと被災地に手を差し伸べるために始まった事業である。ガレキを受け入れたあと、メンテナンスが必要になれば、その分はガレキの受け入れ処理にともなう諸費用として国に請求すればよく、別枠で請求するものではない。元来、ガレキの処理費用は１００％、国から出ることになっている。実際、環境省の通達に「メンテナンス」といった言葉は出てこない。

ガレキの広域化は、たとえば大阪の場合、岩手県からの陸送費が処理費と同額にかかるため、巨額になる。そこで、批判をかわすために別枠請求にし、広域処理にかかる処理費を少なく見せようとしたのが本当のところであろう。

環境省の釈明にもかかわらず、新聞などの投書にすら批判の声が出始めたこともあって、「確実なら交付金」「厳密に運用」と方針転換を発表したが、その一方、補助金支給を決めたところは、「返還を求めない」と譲らず、前述の通り石原大臣もそれでよいとした。

実は、ガレキの広域化は、すでに大半が終息しているだけに、「今後は改める」というのは、その場逃れの発言だ。

広域処理は、被災3県のうち福島県を除く、宮城県と岩手県のガレキを全国の市町村の焼却炉で処理するとして始まったが、9割を占めていた宮城県発のガレキの処理がこの3月末で終了し、残る岩手県発のガレキも埼玉県、静岡県、秋田市などは、すでに終了している。先日発表された「災害廃棄物処理岩手県詳細計画」でも、年内に処理できる量であることが分かった。この状況を考えたとき、「今後は厳密に運用」というが、「今後」とはいつを指すのだろうか。

〈堺市の情報公開で分かった「強制の事実」〉

繰り返しになるが、堺市はガレキの受け入れについて手さえ挙げていなかった。復旧・復興枠（以下、復興枠）での交付金の申請も行なっていなかった。それどころか、環境省から再三、復興枠で申請するように求められながら、断っていたが、突然復興枠での交付金の内示（※1）が下り、強引にそれで承諾させられていたことが、震災復興プロジェクトの松下勝則氏らの情報開示と調査で分かったのだ。筆者が入手した事実経過の概略は、図表2の通りである。

順に経過を追ってみよう。2012年1月、堺市の担当部署では、同市の焼却炉建設計画を進めるにあたって、同年度の86億円の総事業費のうち「循環型社会形成推進交付金」として40億円分を、通常枠として、環境省に交付金の申請を行なっていた。

自治体（市町村）では、市町村内で発生する一般ごみを処理する清掃工場の焼却炉や処分場の建設・整備は、市町村自身が計画を立て、建設事業を進める。市町村による自治事務として行なわれ、国（環境省）は、その経費の約4分の1から3分の1を、申請に基づき交付金として支給し、援助する仕組みとなっている。この交付金を「循環型社会形成推進交付金」といい、堺市はこれに基づき申請を行なった。

一方、環境省は、ガレキの広域化を進めることを目的として、この「循環型社会形成推進交付金」に復旧・復興枠（以下、復興枠）を設け、それに該当するものについては、復興予算を活用

図表２　堺市と環境省とのやり取り（2012年）

1月	環境省による焼却炉建設にともなう交付税の調査。
1月23日	大阪府＆堺市「循環型社会形成推進交付金」の通常枠として追加申請に回答。
2月	環境省から内々に堺市に循環型社会形成推進交付金から復興枠への意向調査。堺市は、環境省に復興枠でなく通常枠として回答。
4月5日	大阪府から堺市に、環境省からの文書（3月15日付　環廃対発120315001号添付）を提示。
4月6日	環境省から「循環型社会形成推進交付金」として40億6324万8000円が内示。ただし復興枠。
5月11日	堺市、交付金申請。
5月14日	大阪府が環境大臣に堺市の申請書を申請。

して交付金を支給するとしていた（※2）。

そこには当てはまる条件として、交付金を受けて完成した焼却炉でガレキ処理が可能であることなどを定めていたが、堺市の場合、ガレキの受け入れを行なう予定がなく、当然、この条件に当てはまらないため、市の担当者は復興枠では請求できないと判断したのである。

しかし、同年2月、環境省は、この通常枠での申請に対して、復興枠で交付金の申請を行なうよう求め、堺市は二度とも断っている。にもかかわらず環境省は、4月6日、堺市に復旧・復興枠で進めることを内示決定し、「交付申請書を5月16日までに出すこと」「手続きを完了しないときには、内示の決定を取り消すことがあること」を通知してきたのである（※3）。

その理由として、環境省は堺市に、「広域処理の協力を要請したところ、受け入れについて検討いただいている状況にあることから、広域処理の可能性のある施設整備事業として、復旧・復興枠の対象として判断した」と伝えている。

またこの件で、堺市の問い合わせに環境省は、次のように応えている。

堺市「東日本大震災復興枠からの変更はできないか」

環境省「不可能だ」

堺市「本内示内容を受け、交付申請する場合、災害廃棄物の受け入れ表明が必要となるか」

環境省「交付申請するのに受け入れ表明はしなくてよい」

結果として堺市は、「循環型社会形成推進交付金」として40億円を復興枠で受け取り、それにともない総事業費86億円の残りの46億円も、復興予算から震災復興特別交付税という形で、交付を受けることになった。

〈嘘をつく中央官僚の慢心と腐敗〉

この経過を見ると、環境省は、堺市から申請のない復興枠での交付金の決定を、自治体の権限を無視して勝手に行ない、そのうえで、復興枠からの変更は「できない」と答えた。しかし、これはまぎれもない嘘であり、同様の経緯があった神奈川県の場合、変更を行なっているのだ。また、環境省と堺市のメールでのやり取りは、堺市に情報開示請求すると開示されたのに、環境省に開示請求すると「異動で交代した際に削除したことから、不存在のため」と情報公開は拒まれた。環境省の担当者の自治体とのやり取りは勤務上の記録であり、本当に「異動したから記録がなくなった」というなら、これは重大な過失である。

こうして受け取る正当な理由のない復興予算枠の交付金を最終的に受け取ったことについては、堺市にも責任があるとみられる。しかし経過を見るかぎり、明らかに環境省は、堺市に対し、嘘まで言って強制している。

交付金の対象事業は、あくまで主体は自治体であり、国はその申請に基づき交付金を出すというのが通常の姿である。それだけに、騙された堺市より、そこまでして復興予算の流用を図った環境省の責任が浮かび上がってくる。

この交付金については、2012年度（2012年4月1日〜2013年3月31日）のもので、交付決定は前政権のものであっても、交付金を支払ったのは2013年3月で、すでに石原大臣が就任したあとのことだ。交付金を支給するにあたっては、補助金等適正化法によって、適法にかつ合理的に補助金が支給されるかを検証する義務があり、「前政権が行なった」と責任を投げることは許されない。むしろ前政権が行なったことだからこそ、よけいに正確な検証が必要なのだ。

通常、国の交付金や補助金は、自治体が行なう事業に対し、条件を充たした事業なのかを検証したうえで支給する。国が自治体に押し付ける交付事業など、まったく前代未聞のことだ。

「何度も堺市が復旧・復興枠での交付金を断っているのに、環境省が決定したことが、情報開示請求の資料でも明らかだ。自治体の事業に支給される補助金を国が勝手に左右すること自体、法律違反だ」

本質をついた前出の平山議員の追及に、環境委員会で梶原成元・環境省廃棄物リサイクル対策部長は、堺市は申請していたと、これまた虚偽の事実を持ち出し答弁した。そして石原大臣は、平山議員に対して「事実誤認の質問に答弁する必要はない」と回答を拒んだのである。

梶原部長が言う、堺市が2011年8月に「受け入れ可能」と答えていたというのは、環境省が全国の市町村の清掃工場で、ガレキの受け入れがどれだけ可能かを調査したときのことを指している。しかし同調査は、ガレキを受け入れ可能かということではなく、稼働している清掃工場にどれだけ余力があるかの実態調査でしかなかった。たとえば当時、東京都は50万トンと答えている。

その調査への返答が、ガレキの受け入れを許諾したものでないことを、環境省の官僚たちが知らないわけはない。交付金強制というあってはならない事実の指摘を受け、国会の場ですら事実をごまかそうとしているのだ。

〈1トン当たり百万円も使っていた高岡市〉

ガレキの処理経費は、阪神淡路大震災や中越地震のときには、1トンあたり約2万円強だったといわれている。ところが富山県高岡市の受け入れでは、環境省は1トンあたり100万円も使っていた。同市の事例は、メディアなどでは復興予算流用の事例としてはカウントされず、名前が挙がっていない。しかし「紙の爆弾」5月号でも採り上げられているように、富山で田尻繁県議が、この問題を指摘してきた。

高岡市では、現在、周辺の小矢部市と氷見市を加えた3市でごみの焼却などの中間処理を共同で行なう「高岡地区広域圏事務組合」を作り、来年9月末の稼動を目指し、焼却炉建設を進めている。

今回、高岡市はガレキ処理を4月26日から始めたが、受け入れたのは高岡市の清掃工場である。高岡地区広域圏事務組合では、まだ焼却炉が建設中であり、受け入れは間に合わない。ところが環境省は、同組合の焼却炉建設の交付金を復興枠で処理し、交付金と特別交付税、合計18億円を支給したのである。同組合は、財政も県議も別に持っている、自治法上も市とはまったく別の自治体だ。

これに対しては、環境省は「高岡市では受け入れを行ない」、高岡市が「高岡地区広域圏事務組合」で焼却し始めると、引き続きそこで受け入れてもらうことになる、と適当な答弁をしているが、小矢部市は受け入れを拒否しており、さらに先述のとおり、事務組合が建設中の焼却炉は、ガレキ受け入れ期限の来年3月末までに稼動せず、処理は不可能だ。

交付された18億円の内訳は、「循環型社会形成推進交付金」が約8億円、ほか高岡市、氷見市、小矢部市の3市に、特別交付税を合計で約10億円。高岡市で処理が予定されているガレキ量は1700トンであり、1トンあたり約百万円も使ったことになる。

ここでつぎ込まれた金は、被災地の復興を目的に徴収され、組み立てられた予算である。本来復興のために使わなければならない予算の流用は、補助金等適正化法に違反する犯罪行為である。

そもそもガレキの全国広域化は、放射性物質を全国に拡散することであり、全国で反対活動が行なわれてきた。

〝絆キャンペーン〟の下に進められたガレキ広域処理は、堺市や高岡市の事例を見れば分かるとおり、復興枠の資金を使うための刺身のツマでしかない。

〈環境大臣の責任は免れない〉

環境省は、国民の心配をよそに広域処理の旗を振り続けてきたが、現状として、当初掲げた400万トンの目標に対し数%の実施率であるにもかかわらず、事業はほぼ終息しつつある。これは、予定通りに処理が進んだからではなく、再測定したところガレキの量が激減し、被災県内での処理が可能になったためだ。広域化政策は、実質破綻したといえる。

環境省はガレキ量の過大な見積もりと広域化によって、1兆円以上の巨額の予算を組んだはいいものの、それが消化されず問題化するという事態を招いているのだ。環境省が、復興予算をガレキの受け入れに関係のない市町村の焼却炉建設費にまで、強制のような形で配っているのは、そのような背景があるからである。そして復興目的で手にした巨額の予算を通常の事業である焼却炉建設などの交付金に流用し、焼却炉メーカーとのねんごろの関係の強化に走る。これが環境省の実態なのだ。

いずれにせよ環境省の官僚たちには、その金が国民の血税で賄われたもので、本来は被災地や被災地から避難した人たちへの救援や被曝治療に使われなければならないことが忘れ去られている。今回、明らかになった問題だけでも石原大臣の責任は免れない。

石原慎太郎・前都知事は、著書『堕落論』のなかで、親の死亡を届けず、年金を受け続ける人たちを批判し、日本社会が堕落した象徴的な出来事と採り上げている。ならば、被災地復興のためにと旗を立てたガレキ広域化の資金が、偽装により被災者とはまったく関係のない、予算の消化のためにバラ巻かれている現状こそ「堕落」の極みといえる。石原大臣は、この責任をどのように取るのか。

※1：内示通知＝事業が適法にかつ適正に行なわれたときには交付金を支給するという通知
※2：「循環型社会形成推進交付金復旧・復興枠の交付金方針」環廃対発第１２０３１５００１号
※3：環境省「平成24年度循環型社会形成推進交付金の交付申請等について」

環境省が隠したい『不都合な真実』――がれき広域処理突如幕引きの理由

「紙の爆弾」（2013年10月号）

「紙の爆弾」8月号で、筆者は震災ガレキの広域処理に絡んで復興予算を流用してきた石原伸晃環境大臣への批判が国会でも採り上げられたことを報告し、ガレキの大阪、富山などへの搬入中止を〝勧告〟した。環境省は形勢不利と考えたのか、2013年7月17日に富山県、大阪府などへのガレキの持ち込みを中止すると発表した。

ガレキの広域処理は、被災3県のうち福島県を除き、宮城県と岩手県のガレキが広域化されることになっていた。環境省は処分費用を被災自治体に補助金として出し、広域処理を推奨してきたが、あくまで主体は被災自治体と受け入れ自治体であるとして、黒子役に徹していた。しかし富山県の処理では、石原大臣自らが名乗りを上げて終息させる形をとった。

一方、復興予算の流用は、他人の不幸に付けこみ公金をかすめ取る行為で、決して許されないものだ。国民の怒りが収まることはなく、菅義偉官房長官も7月3日の記者会見で「使途の厳格化の観点からしっかり対応していく」と述べた。

またメディアでも、復興予算が全体で4割も使われず、環境省の管轄である除染事業については、6割も使われていないことが指摘された。復興予算だけでなく、復興の遅れにまで、疑問が広がりつつある。

7月の自公の参院選大勝のあとも、流用問題はくすぶり続けており、巨大与党の思わぬ躓きになりかねない。石原大臣の国会質疑での「嘘」と「答弁拒否」の瑕疵(かし)に早く手を打っておこう…、

図表3 富山県内のガレキ受け入れ量の変化　(単位 トン)

	当初受け入れ見込み量	受け入れ開始時の予定量	最終的な受け入れ量	受け入れ開始時期
高　岡　市	3,000	1,700	500	2013年4月末
新川広域圏事務組合	1,800	1,400	300	2013年5月末
富山地区広域圏事務組合	最大6,000	2,100	400	2013年6月半ば
合　　計	10,800	5,200	1,200	

朝日新聞(2013年7月18日付)より。合計は筆者

今回のガレキ広域処理の突然の終息は、そう考えての措置だったようにも見える。しかし「不都合な真実」は、包み隠すことを許すべきではない。

〈突然の終息のとってつけた理由〉

ガレキ広域処理の問題で、地域住民や市民団体が訴えてきたのは、ガレキが放射能や重金属、アスベストなどに汚染されているのではないかという安全上の不安と、安全なものならば、地元での雇用を考えて地元処理を優先させるべきであり、広域化が必要なのかの検証を厳密に行なってほしいということだった。

広域処理は、大阪府や富山県での受け入れを例にとっても、運送費だけで被災地での処理費の倍額がかかる計算となっていた。これらはすべて国の復興予算から出されるため、最初の一歩として、被災地でのガレキの発生量や被災自治体での処理可能量をはっきりさせたうえで、どれだけ広域処理が必要なのかを正確に示すことが必要だった。

岩手県は、富山県や大阪府・大阪市に今年度末まで持ち込む契約となっていたが、今回、富山県は7月中に処理を終了、大阪は9月半ばに終了することを発表した。

石井隆一富山県知事は、記者会見で石原大臣と達増拓也岩手県知事から通知があり、約半年間前倒しにして終了するとして、その理由を「広域化の必要量が減少したため」と説明した。

しかし広域処理の必要量は、図表3に見るように、これまで何度も下方修正され、当初の時点では、富山県全体で1万8000トンだったものが、契約時には5200トンに半減し、さらに六月に見直され3900トンになったばかりで、今回、それが再び1200トンに減ったことが発表された。当初の10分の1である。

イソップ物語は「オオカミが来る」と一度嘘をつけば、他人に信じてもらえなくなると教えているが、何度も処理量を下方修正しても平気な役人たちは、損得勘定はできても社会的信用をなくすことの重大さは教わってこなかったのだろう。

実際の経過を見ても、富山県は受け入れの開始が2013年度（4月1日）に入ってからであり、岩手県の4月の再調査時点では、秋田市だけが中止を決め、富山県や大阪府・市は、これまで通りに広域処理の必要があるとしていた。

そして高岡市は4月26日、新川広域圏事務組合（魚津市、黒部市、入善町、朝日町）は5月30日、富山地区広域圏事務組合（富山市、滑川市、立山町、上市町、船橋村）は6月18日に受け入れが始まっている。

そのわずか1ヶ月後に、環境大臣と岩手県知事が「風雨による劣化で木くずを主とした可燃物が減ったほか、土砂の混合で正確な量が測定できなかった」として、ガレキの量が大幅に減ったと通知し、終了するとしたのだ。

しかも高岡市、新川広域圏、富山地区広域圏の総受け入れ量は、それぞれ500トン、300トン、400トンで、合計1200トンになるという。

ガレキの広域化にあたって、被災自治体（市町村や県）での処理ができなかったときに、ほかの自治体に処理を依頼するというのは、広域処理にあたっての法令上のルールでもある。ところが1200トンという量は、岩手県が県内で一日で処理できる量であり、この発表は富山県へのガレキの持ち込みが、もともと必要がなかったことを明らかにしたようなものだ。

富山県と同日に、大阪での受け入れ量も六割削減し、期日も前倒しになることが発表された。契約時3万6000トンとし、2013年2月1日から受け入れを行ない、今年度も引き続き3万トンを受け入れるとしていたが、全体の広域化必要量は1万5500トンと下方修正され、期間も短縮された（達増拓也岩手県知事から7月16日に通知）。

大阪の場合も、もし最初から1万5500トンと発表されていたなら、岩手県内で2週間で処理できる量であり、県内処理計画が秋口には終わると発表していたことを考えても、これも大阪でやらなければならない理由はなかったといえる。

このように、今回のガレキ広域処理を突然終息する措置自体が、ガレキの広域処理が被災地のガレキの処理状況を考えての決定でなく、「広域処理を進めると言った以上、何もせず終わらせたくない」といった自治体の首長の勝手な思惑のみで進められてきたということである。

〈空虚な記者会見の内容と裏面の事実〉

「大山鳴動してねずみ一匹も出ず」。何ヶ月もの間メディアをにぎわせたガレキ処理は、富山県の場合、岩手県で処理すればたった1日でできる量でしかなかった。まるで「富山県も受け入れましたよ」というアリバイを作るためだけに行なわれたかのようだ。

そうしたなかで開かれた7月17日の記者会見では、富山県の知事や関連市長の発言は、「被災地の支援に役立った」という空虚な話に終始した。そして、多くの住民の反対を押し切ってガレキを受け入れた責任の回避がひたすら続いた。

富山地区広域圏事務組合の理事長である森雅志富山市長は、記者会見を行なわなかった。森市長はガレキの受け入れのための試験焼却を行ない、今年2月にはその強硬措置に抗議した住民を恫喝（スラップ）するように告訴した人物だ。

住民の反対を押し切り強行したうえ、正当な主張行動を告訴する。ところが、ガレキの受け入れ時期は今年6月18日で、1ヶ月後の7月17日に受け入れ中止が決まってしまった。受け入れ量はたった400トンとなり、環境省から見事にはしごを外された格好だ。記者会見への出席を回避したのは、自らの責任を問われたくなかったからではないのか。

では出席者は、どのような発言をしたのか。地元メディアの報道を拾った。

石井隆一富山県知事は、「多くの県民の理解を得て受け入れを進め、結果として早く終了することになったのは良かった」（富山新聞）。高橋正樹高岡市長は『実効のある協力ができた』と被災地支援の成果を強調」「思ったより早く広域処理が終わることは喜ばしい」（北陸中日新聞）。新川広域圏事務組合の沢崎義敬理事長（魚津市市長）は、「しばらくの間だったが復旧への手伝いができたと思っている」「富山県が引き受けなければその分の片付けが先送りになる。早く処理が済んで良かった」（北陸中日新聞）。

絆キャンペーンの下に、被災地のガレキを受け入れることが復興支援に繋がると謳いながら、今回の記者会見では、それがどれだけ実現できたかには触れず、「手伝いができた」などと白々しい発言が繰り返された。

高岡市の場合、この年度は18億円もの復興予算の流用が図られている。ガレキの受け入れ量が1700トンから500トンに減ったため、1トンのガレキ処理に360万円を使ったことになる。この被災地の復興のための金は、高岡地区広域圏事務組合の焼却炉建設費に使われ、高岡市、小矢部市、氷見市の交付税に補填された。富山県知事や高岡市長は、県に復興予算流用という新たな問題を残したといえる。被災地の復興に役立つどころか、復興の足を引っ張っているのだ。

同じくガレキを受け入れた大阪市の橋下徹市長は、この件で特別に記者会見はせず、ガレキ量が減ったため9月までで終わるということを、定例の記者会見で事務的に報告したのみだった。

しかし大阪市の場合もガレキの受け入れをめぐって、市民の不当逮捕などが行なわれている。下地真樹阪南大学准教授は、駅前で街頭演説を行なったあと、市役所に向かう途中に駅を横切っただけで、威力業務妨害で事後逮捕された。あまりのひどさに全国の大学の法律系の学者約百人が反対署名をして釈放となったが、ガレキの受け入れを中止したことに、なぜ言及しないのか。

また大阪府の場合、今回の広域ガレキの受け入れに約10億円の金をかけ、また関連して堺市の焼却炉に復興予算枠で86億円を引き出した。それら約百億円が、この1万5500トンの処理のために使われたとすると、1トンあたり約60万円を使ったことになる。ちなみに阪神淡路・中越大震災でのガレキの処理費は、1トンあたり2・2万円だった。

橋下大阪市長、松井一郎大阪府知事の維新の会コンビは、中央官僚機構と対決し、官僚機構の無駄を排することが党是だったはずだが、今回はガレキの広域化に協力し、復興予算の無駄遣いに走ったといえる。

〈再調査データを隠して無駄な広域化を図った環境省〉

今回のガレキ広域処理の突然の中止は、再調査の結果、必要量が減ったことが理由と説明された。しかし実際にそこで示された調査結果は、昨年11月には分かっていた可能性が高い。

今年初頭、大阪や富山、秋田で広域処理の必要性を調査するなかで、次のことが明らかになっていた。

昨年11月、ガレキの広域化を２０１３年度も継続する必要があるかを、宮城県と岩手県が再調査していた。この時期に調査したのは、２０１３年度（3月31日）が迫り、計画を作る必要があったと両県の担当者は語っていた。

宮城県ではその調査結果を踏まえ、今年1月10日、２０１２年度時点でガレキが残っていた東京都、北九州市などを含め、全面的に終息することが発表された。岩手県でも、その調査の結果、埼玉県、静岡県への木くずの持ち込みがそれぞれ10分の1、7分の1になったことが分かり、終息することになった。

岩手県が大阪や富山、秋田に運ぶ可燃物の調査結果について、岩手県知事に問い合わせたが「精査中」。今後の広域化の予定についても、「環境省に聞いてくれ」という返答だった。

岩手県の11月の再調査では、以下のようになっていた。

野田村　→埼玉〈木くず量１／10に下方修正—終了〉
久慈市　→秋田〈可燃物量を明示せず〉
山田町　→静岡〈木くず量１／７に下方修正—終了〉
同　　　→富山〈可燃物量を明示せず〉
宮古地区→大阪〈可燃物量を明示せず〉

結局、11月の再調査の時点で、大阪、富山、秋田について、どうなったのかが岩手県から公表されないまま、環境省は、大阪、富山、秋田については、従来発表していた数値データをそのまま発表し、広域化を継続するとした。

その後、今年4月と6月に再調査が行なわれ、4月の調査で秋田市が中止になり、6月の再調査で大阪、富山が中止になった。

本来、ガレキの調査は、専門業者に依頼して調査するため、難しいものではない。仙台市は当初からガレキの総量を135万トンと予測し、分別収集して処理した後もその数値は変わらなかった。

しかも昨年11月の岩手県の再調査の時点で、ガレキは集積所に集められているため、積み重ねられたガレキの山から木くずや可燃物の量を推計するだけであり、一割前後の測定誤差があっても、半減したり、10分の1になったりすることはない。

それが、たとえば富山の場合、4月、6月とその後の測定のたびに大幅に下方修正され、8分の1となったのだ。大阪についても5分の2になったという。

しかも、減った理由は「風雨による劣化で木くずを主とした可燃物が減ったほか、土砂の混合で正確な量が測定できなかった」というもの。

この素人を謀るような説明は、昨年11月に埼玉、静岡に持っていく「木くず」が7～9割も減ってしまったときに、岩手県がすでに使っている。「土砂が付着して木くずの量が少なかった」「全体の比重の計算を間違った」「木くずの山の中に土砂の山があった」と、今回とまったく同じ説

岩手県から黒塗りで情報開示された「広域化必要量一覧表」の一部

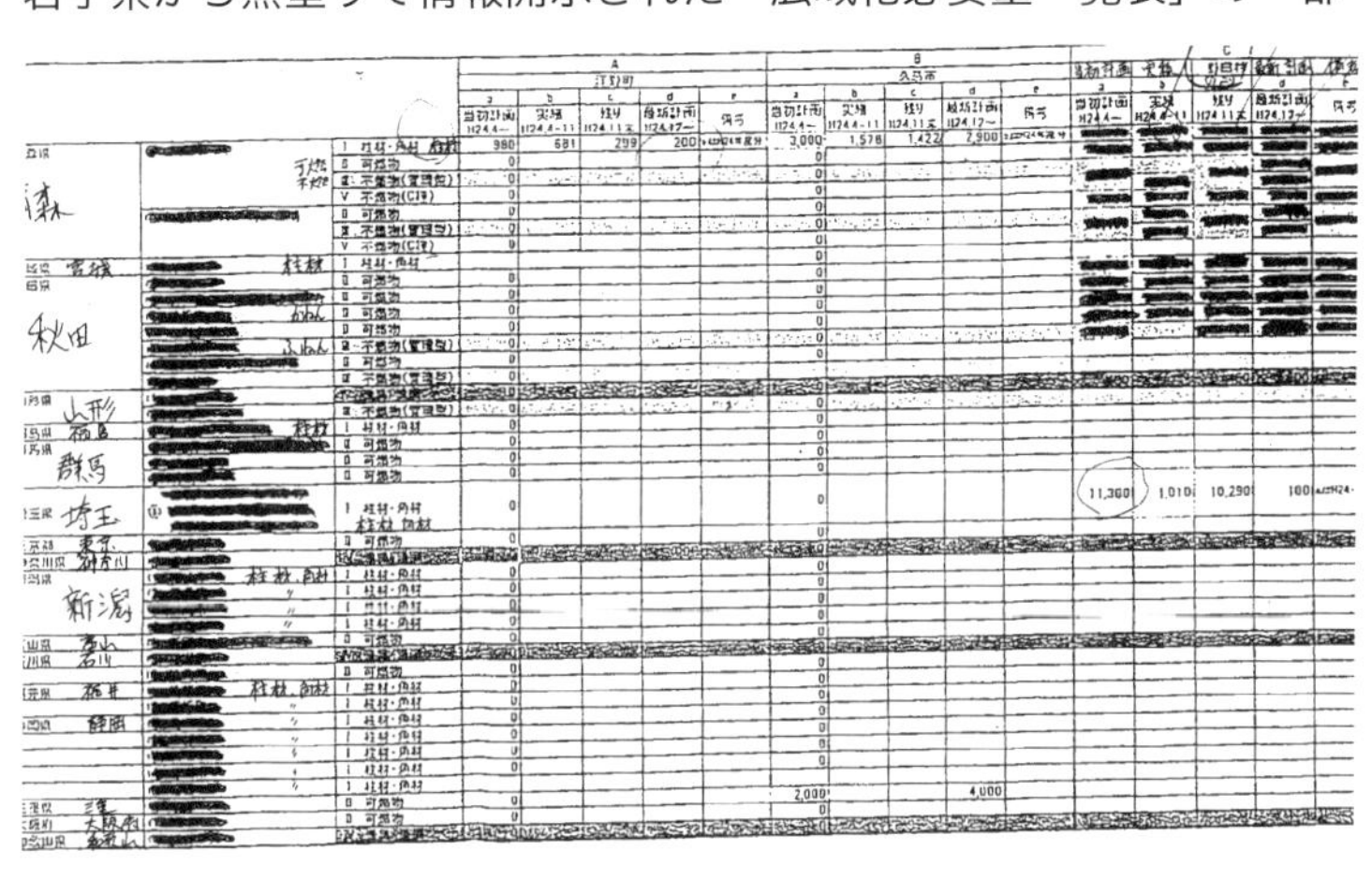

	A 江刺町					B 久慈市					C				
	a 当初計画 H24.4～	b 実績 H24.4-11	c 残り H24.11末	d 最新計画 H24.12～	e 備考	a 当初計画 H24.4～	b 実績 H24.4-11	c 残り H24.11末	d 最新計画 H24.12～	e 備考	a 当初計画 H24.4～	b 実績 H24.4-11	c 残り H24.11末	d 最新計画 H24.12～	e 備考
I 柱材・角材	980	681	299	200		3,000	1,578	1,422	2,900						
埼玉 I 柱材・角材	0					0					11,300	1,010	10,290	100	
II 可燃物						2,000			4,000						

明を行なっている。

こうした経過を考えても、今回の6月のデータは、昨年11月にすでに再調査されており、それを隠してきたと思われる。

大阪や岩手の住民が岩手県に情報開示請求したところ、県が測定依頼した業者から報告されたデータを開示せず、重要なデータを墨塗りした書類が提出されている（上の写真）。

さらに、震災復興プロジェクトなどの調査で新たな事実が分かった（図表4）。大阪や富山に関係するガレキの広域化必要量は、昨年5月21日の岩手県の発表では、山田町から富山へ800トン、宮古地区から大阪へは1万5200トンとされていた。ところが2ヶ月後の環境省の工程表の発表時点（2012年8月7日）では、それぞれ8000トン、8万トンと、5～10倍に増加していた。

図表４　岩手県から大阪・富山への広域処理必要量の変化〈可燃物〉

	岩手県	環境省	契約時		最終
			大阪	富山	
	2012/5/21	2012/8/7	2012年11月	2012年12月	2013/7/17
宮古地区（→大阪ほか）	15,200	80,000	36,000		15,500（大阪のみ）
山田町（→富山）	800	8,300	5,200		1,200

（岩手県および環境省発表データから）

環境省はガレキの処理量を独自に測ってはいない。測定は被災自治体に任せている。したがって岩手県の発表データがオリジナルデータである。それがここでは、５倍から10倍に増えていたのである。環境省は机上でデータを増加させたことになる。

膨大な予算を使うガレキ広域処理を進め、予算の消化を行なうために、環境省はこのような操作を行なったのではないか。

しかし数字をいくら操作しても、実態は変わらない。実際に広域処理する段階になれば、明らかにせざるをえなくなる。

その結果、富山県では、図表３に見たように１万８００トンから、発表のたびに少なくなって１２００トンになり、大阪では３万６０００トンが１万５５００トンになったということだ。

〈被災地の不幸にたかる官僚・政治家〉

今回の富山県、そして大阪府・大阪市のガレキ受け入れ問題を通してはっきり分かったことは、環境省にとって最大の関心事が、被災地のガレキ処理をどう進めるかではなく、協力すると手を挙げた自治体に復興予算をどのように配るかということだった。

環境省は自治体に補助金を出し、影で協力する存在であったが、多額の復興予算の力を使って、地方自治体に対して権力支配を進めたということになる。

手を挙げただけで補助金をもらっていた自治体が9割以上あったことが新聞で報道されると、復興予算のあまりに露骨な流用に多くの国民の怒りの声が挙がった。それが絆キャンペーンによるガレキの広域化の下に行なわれていたというのは、多くの人にとって驚きだったに違いない。

しかし調べてゆくと、ガレキ量の過大な見積もり、そしてデータ操作の下で、不必要と分かっていながら実施された広域処理に、今回の復興予算の流用の問題が潜んでいたことが分かった。

この問題について、国会で追及の火蓋を切った平山誠参議院議員（みどりの風）は、残念ながら先の参院選で落選した。しかしこの大疑獄事件の追及は、今回、新たに選出された議員に受け継がれ、問題の解明が進むことを期待したい。少なくとも石原環境大臣の責任は免れないだろう。それはガレキの持ち込みを中止し、火消しを図ったところで許されるものではない。

他人の不幸を利用し、違法な利得に走る国家権力、社会の堕落を象徴するような環境省に未来は見えない。

〈引用終了〉

第8章を振り返って

がれきの広域化は、2013年1月10日、まず宮城県発、北九州市、そして東京都への持ち込みが、年度末で中止することが発表された。それと前後して岩手県発の埼玉県、静岡県への中止も発表された。しかし、こうして広域化が終焉に向かう状況の中で、岩手県発のがれきは、大阪市へと富山県への新たな持ち込みがそれぞれ2013年2月と5月から始まった。

国や地方行政の官僚たちの「一度予定したことは、何があってもやり遂げる」の精神によるものだったのか。

2012年末からすでに復興資金流用問題が、マスメディアでも大きく取り上げられ、特に大阪府堺市への86億円の交付金支給は、「手を上げただけで補助金」と週刊ポストなどでも批判されていた。堺市へは、環境省は大阪府を介して補助金を支給していた。

環境省は後に、大臣声明を通して、流用への批判をかわすために「今後がれきの受け入れを行なっていない自治体には、交付金は支給しない」との声明を出した。

一方、次章で見るように、2013年初めには、岩手県発のがれきは、すでに広域化の必要がなくなっていた。こうしたことを考えると、大阪市、そして富山県へのがれき広域化は、復興資金流用の批判を避けるためのアリバイ的な役割も持っていたことが分かる。

第九章

モンスター化した官僚たちの資金流用の手口と私たちの「次」

２０１３年７月17日、岩手県発のがれきを受け入れてきた大阪と富山で、処理が終息することが発表された。２０１３年度末までの予定が、富山は７月末に終了し、大阪は８月に持ち込み完了、９月中に処理が終了する。

これで残っていた岩手県で終了、先に決まっていた宮城県に加え、がれきの広域化はほぼ全面的に終了した。

当初環境省が予定した４００万トンのうち、その時点で処理が完了していたのは、十数万トンにすぎなかった。絆キャンペーンの下で進められたがれきの広域処理は、破綻する形で終了した。国と環境省による強引ながれきの広域化に対して、全国の草の根の運動がそれを食い止めてきた。その中で明らかになったのは、がれきの広域化計画が実にずさんなものだった事実だ。しかもがれきトリックの裏に復興資金の流用、横領という見逃せない行為が見えてきた。

復興資金は、被災地と被災者の救済のために打ち立てられた予算である。これを流用することは、火事場泥棒のような卑劣な行為である。国や環境省の官僚たちは、この復興資金を、役人の立場を利用して、組織的にくすねている。出来心でやる火事場泥棒よりひどいと言うことも可能だろう。

改めて思い出されるのは、２０１１年の３・11後、多くの人が日本中からボランティアに駆け付けたり、寄付を行なっていたことだ。被災地の悲しみは日本中で共有されているものと、誰もが考えていたが、官僚たちは、被災者の不幸に思いを寄せ、復興を手助けするどころか、復興資

県内がれき処理 来月完了

1200トン 当初要請の9分の1

県内の1市2組合で行われている震災がれきの広域処理について、県は17日、岩手県山田町からのがれき搬出が、今月末で終了する見通しになったと発表した。県内での受け入れ量は計1200トンで、環境省から当初要請があった1万800トンの9分の1に減った。11～12月まで予定されていた焼却期間も大幅に短縮され、8月上旬には完了する見通しだ。

県内処理の内訳は、高岡市約500トン、新川広域圏事務組合300トン、富山地区広域圏事務組合約400トン。処理量が減ったのは、がれきの中に土砂が多く含まれていることや、風雨にさらされ可燃物が劣化し、受け入れ条件に合わなくなったため。環境省と岩手県から同日、文書で県に連絡があった。

石井知事は「思ったより大幅に減ったが、未曽有の大災害の中、ある程度（がれきの量を）概算で出すことはやむを得なかったのではないか。分かち合って協力しようという県民が多かったことは大変ありがたい」と述べた。

高橋高岡市長は会見で「被災地に実効性のある協力ができた」、新川広域圏理事長の澤崎魚津市長も会見で「年末までかかることなく現地で処理の見通しが立ったことは喜んでいる」と述べた。富山地区広域圏理事長の森富山市長は、正式な報告を受けていないことからコメントしなかった。

震災がれきの受け入れをめぐっては、高岡市が4月下旬から県内で初めて本格焼却を始め、新川広域圏が5月末、富山地区広域圏が6月中旬から処理を行っている。6月末現在、1市2組合で計650トンの処理を終えた。

北日本新聞（2013年7月18日付）

金をくすねる算段をしていたのである。すでに人の仮面をかぶったモンスターになりはてた。

破たんした広域処理とその実態

(1)実施率数%で終了とその意味

２０１３年６月の時点で、ｐ２２３の図表１にみるように、宮城県と岩手県の、それぞれ６万トンのがれきを処理して終息した。合計12万トン、予定した４００万トンのわずか３％の処理実績である。がれき処理の期限は２０１４年３月31日だが、実際には２０１３年９月で終了しているため、この数字はほぼ最終実績と見てよい（※1）。

がれきの広域化は、破綻するような形で終わったが、環境省の最新発表データに即して整理すると、以下のような問題が見えてくる。

①がれきの総量を過大に見積もっていた。そのがれき量を根拠に、災害廃棄物の処理費用を計上していた。

宮城県　1595万トン→　1114万トン
岩手県　499万トン　↓　414万トン
福島県　288万トン　↓　170万トン
合計　2382万トン　↓　1698万トン

②広域処理量を過大に見積もっていた（目標値と終了時点での比較）。

宮城県　344万トン　↓　6・5万トン
岩手県　57万トン　↓　11・6万トン
合計　401万トン　↓　18・1万トン（4・5％）

③被災地で処理するより2倍のコストがかかる広域処理を組み込み、1兆700億円（福島県を含む）の予算を立てていた。

③の金額を、最終的に確定した実際のがれきの総量（約1700万トン）で割ると、がれき1

図表１　広域化計画量と達成量

	当初計画量	達成量
宮城県	344万トン	6.5万トン
岩手県	57万トン	11.6万トン
計	401万トン	18.1万トン

終了時の環境省のデータから算出。環境行政改革フォーラムの資料より筆者が計算

トン当たり6万3千円のコストがかかったことが分かる。阪神淡路大震災や中越地震では、1トン当たり2・2万円。その3倍もの予算を立てていたのである。

もちろん当初からそのようなコストで計算することには正当性がないと官僚たちも考えたのであろう。そこで、がれきの量を3割も過大に見積もるとともに、広域化量を400万トンとあり得ない量にしてみせることで、1兆700億円という巨額の予算を立てたと思われる。

つまり、広域化計画量に対して数%で終わったというのは、もともと過大な見積もりをしていたからだともいえる。

一方で環境省は、2014年3月に「60万トン」で処理が終了したと発表している。しかし、それを報じた東京新聞が「県外処理60万トン」と書いていたように、「広域化量」として400万トンを予定した分が、「60万トン」だったということではない。広域処理は、そもそも全国の市町村の余力施設を利用して、一刻も早く被災地の復興を図ることが目的とされていた。全国の市町村の清掃工場などで焼却したり、処分場に埋め立てることを想定した処理である。ところが、実際にはあまりにも少ない実施率だったので、本来、被災自治体が、県内処理としてゼネコ

ン（鹿島ＪＶなど）に業務委託した分のうち、下請けや孫受け企業が県外にあるものをカウントして、水増ししたと思われる。

それにしても、環境省が言う「60万トン」でも、全体の15％でしかなく、計画が破綻したという事実に変わりはない。

絆キャンペーンと銘打って、あれだけ国中を騒がせ、賛否で国論を二分したがれきの広域処理が、予定の数％で終了し、計画は「破綻」した。そして、そこから過大な見積もりと、流用への仕掛けが見えてきたといえる。

(2)広域化は必要なかった

がれきの量は時間の経過とともに、大きく減っていった。岩手は一度増加させた後にまた戻すという、人為的と見られる操作がなされている。

何度も書いてきた「原則」だが、広域処理は、被災地の市町村でまず処理し、処理できないものを県が受託し、それでも処理できないものを広域化することとなっていた。被災地でのがれきの発生総量から市町村と県の合計値である「県内処理量」を差し引いた分が、広域化必要量となる。

式で表せば「発生総量」－「県内処理量」＝「広域化必要量」だ。発生総量が減って、県内処理量以下になると、広域化必要量はゼロ以下のマイナスになり、広域化は必要ないということになる。

図表２　環境省発表の災害廃棄物総量と広域処理（希望）量の推移

単位：万トン

発表年月日	宮城県			岩手県		
	総量	広域量	県内	総量	広域量	県内
2011年12月 6日	1570	344(22%)	1226	480	57(12%)	423
2012年 5月21日	1150	127(11%)	1023	530	120(23%)	410
2012年11月16日	1200	91(8%)	1109	395	45(11%)	350
2013年 1月25日	1103	39(3.5%)	1064	366	30(8.2%)	336

注）（　）内%は、広域処理（希望）量のがれき総量に占める割合 環境省公表資料より ERI 作成

実際に、池田こみち氏が整理したデータ（図表2。※2）に基づき、照らし合わせてみよう。

宮城県ではがれきの総量が、２０１１年12月６日時点の１５７０万トンから２０１３年１月25日の１１０３万トンまで、計４６７万トンが測量のたびに減少した。県内の処理量は、当初１２２６万トンとして予定を立て、県内４地区で業務委託している。したがって発生量がこの１２２６万トンを下回れば、広域化の必要がなくなる。

では図表2を参考にして、宮城県が広域化しなくてもよくなったのはいつだったのかを探ると、それは２０１２年５月21日だったと分かる。そのときの総量は１１５０万トンで、１２２６万トンより少なくなるからだ。ちょうど県の担当課長がその1ヶ月前に「モーニングバード！」に出演し、広域化の必要性がないことを話していた。がれきの発生量や処理量については、県が測定や実態把握を行ないそれを国と環境省に報告する形をとっている。したがって1ヶ月前というと、宮城県がデータを入手し、県内で処理

できることを知って、テレビでの発言となったのであろう。

しかし宮城県では、この5月21日の3ヶ月後の8月29日に北九州市、9月に東京都三多摩地域の自治体との間で契約を結び、必要ないと分かっていたがれきの広域化を始めたのである。

一方、岩手県は、当初2011年12月6日の段階で、県内で423万トン処理できるとしている。発生総量がこの数値より低くなったのは、2012年の11月16日で、そのときには発生量は395万トンとなっていた。

したがってそれ以降は、広域処理の必要性はなくなっていたわけである。ちょうどその時期、12月に埼玉県が受け入れを中止し、また1月後の2013年1月に、静岡県が中止したことと符合する。

その一方で大阪市や富山県では、広域処理を、必要がないのに始めていたことが、このデータからもはっきりと分かる。

池田氏が整理したデータを環境省が当初から公表していれば、広域処理は必要ないことが、誰の目にも明らかだった。しかし環境省は、こうしたデータを作成できないように、つぎはぎのデータを公開し、全容を明らかにすることはなかった。

一般企業に勤める筆者の友人は、「がれきがあるのは被災市町村であり、その市町村ごとのデータを基礎にして、発生量と処理量、そして処理残量をエクセルなどで整理すれば、変化する実態はすぐ分かる。なぜそれを行なわないのか」と筆者に尋ねたが、全くその通りで、がれきの広域化が必要なかったことは明らかである。

(3)二重カウント問題

さらに、広域処理では、先に指摘した二重カウント問題があった。

宮城県石巻ブロックのがれき処理は、県が3市町村から事務委託された685万トンを、県がそのまま鹿島JVに業務委託している。式で表すと、

685万トン－685万トン＝0万トン

だ。県が処理しなければならない残余はゼロである。

しかし、環境省と宮城県は、次のように発表していた。

685万トン－685万トン＝294万トン

このありえない数式は、誰もがおかしいと考えるが、もちろん294万トンは架空の数字であり、二重カウントされた量である。

がれきの広域化量は、宮城県344万トン、岩手県57万トンの合計401万トンであり、もしこの架空計上分がなければ、宮城県の広域化量は、344万トン－294万トン＝50万トンとなり、岩手県の57万トンにも及ばない値だ。つまり、石巻ブロックからのがれきを受け入れると発表された市町村で行なわれた説明会や試験焼却などのほとんどは、まったく無駄であったことになる。

また２９４万トンの処理経費を考えると、１トン当たり10万円として２９４０億円を水増し計上していたことになる。

この二重カウントは、

・北九州市の試験焼却にあたっての説明資料（その中に石巻ブロックの広域化必要量２９４万トンと記載）

・情報開示請求によって宮城県と鹿島ＪＶとの契約書（によって県が委託した委託量６８５万トン）

を身比べることで判明した。

この二重カウントに対して、宮城県は、鹿島ＪＶとの契約量を６８５万トンから３１０万トンに変更することによって、矛盾を解消する算段を取った。しかしその変更は、契約締結や広域化必要量を発表した1年後であり、住民からの指摘を受けてのものだった。

なぜ二重カウントしていたのか、その責任者は誰か、なぜそのような間違いを犯したのか、損失はどれほどだったのか、などの疑問については、今もって何ら明かされないままである。

以下、この問題をまとめた筆者の記事（「紙の爆弾」２０１４年5月号）を転載する。

自公・官僚機構が国民から詐取した復興予算流用1・4兆円

「紙の爆弾」（2014年5月号）

震災から3年、安倍首相は復興が進んでいると公式発表したが、たとえば東京新聞は復興住宅が予定の3％しか進んでいないことを報じ、首相の発言の誤りを指摘した。

また巨大な防潮堤の建設計画＝公共工事の計画が先行しており、故郷の海も浜も、湾や島の景色も見えなくなるものだということに気付いた人々が、予定していた復興住宅への入居を諦め、すでに希望者が当初の50％を切ったところもあることをNHKが報じた。

それに加え、自公政権は、被災地の復興に集中するのではなく、国土強靭化計画（10年で100兆円）によって全国で公共事業をばらまく政策を採った。そのため、建設資材や機器、労働者が足りず、被災地の復興の足を引っ張っている。

東京オリンピックにともなう5兆円といわれる投資はこの状況に拍車をかけ、被災者、避難者を忘れた建設事業ばかりが進められている現状だ。

「宮城県公表の、課長以上の職員の再就職状況（2012年度）によると、民間企業への就職者の多くが、建設会社や建設コンサル業界への天下りだった」（「SAPIO！」2014年4月号）という指摘もある。札束が飛び交い役人と業者だけが舞い上がる、被災地や被災者抜きの復興事業なのだ。

図表３　被災地復旧・復興費　(億円)

	予　算	執行（執行率）	繰　越	不用額
H23 年度	14 兆 9243	9 兆 514（60%）	4 兆 7694	1 兆 1034
H24 年度	9 兆 7402	6 兆 3131(69.2%)	2 兆 30	1 兆 2240

そして、誰もが怒りの声を上げるのは、20兆円強もの額を国民への徴税やサービス（高速無料化や育児手当）の棚上げにより予算化した復興予算を、各省庁がよってたかって省庁予算に流用していたことだ。すでに1・4兆円もの流用があったことを、会計検査院が指摘している。

今回、筆者らの調査で明らかになった環境省による復興予算流用は、環境省トップの関与なしには実行できない、組織的、かつ巨額なものである。しかも3・11の被災直後から計画されていたことが分かった。

災害により亡くなった人々や、いまだ行方不明の人々は2万人を数え、全国から義援金が集められ、多くのボランティアが駆けつけた。その裏で官僚たちは、省庁利益（役人の天下り先などの利益）をかけて予算流用の方法を考えていた。その実態を明らかにし、法の裁きにかけたい。すでに大阪・堺市では、この違法な流用資金の返還を求め、住民訴訟をにらんだ住民監査請求が行なわれた。

〈百以上の市町村に復興予算を流した環境省〉

環境省の先導のもと、総務省も協力し、市町村の事業である清掃工場の整備費用に巨額の復興予算が流用されていた。

図表４　主な復興予算流用先自治体と金額

		2012年度	2013年度
宮城県発	東京都ふじみ衛生組合（焼却炉建設）	51億円	
	東京都西秋川衛生組合（同上）	19億円	
	北九州市皇后崎焼却施設（施設延命化）	3億2千万円	18億円
岩手県発	大阪府堺市（焼却炉建設）	86億円	
	富山県高岡地区広域圏事務組合（同上）	18億円	52.7億円
	埼玉県川口市（焼却炉建設）	36億円	
	静岡県静岡市（リサイクル施設）	1億4千万円	

情報開示請求の結果、２０１２年度では、全国75の地方公共団体（１３０の関連市町村）の一般廃棄物処理施設の整備事業に交付金（補助金）が使われていたことが判明した。環境省からの交付金が総額２０７億円であり、これに関連して支給された総務省からの交付税が総額３２０億円、合計５２７億円が復興予算から流用されていたのだ。図表４は、その代表的な流用先である。

これまで復興予算流用問題は、「税務署の耐震化」「大分県の林道建設」「原子力研究費」「被災地や避難者に関係のない雇用促進事業」など財務省、農林省、経済産業省、厚生労働省など各省が競い合うように流用に走っていたことが報道されてきた。国会での追及は進まず、流用問題への認識は概して希薄な状態だった。

しかし環境省の事例は、流用先市町村が１３０ヶ所にも及び、その金額も半端なものではない。２０１３年度も続いていた。市町村の清掃工場やリサイクル施設に、どのような理由を付けて復興予算を流したのだろうか。

環境省は、本来公害・環境汚染をチェックする規制省だったが、清掃工場の焼却炉から排出される煤塵や有害物を抑える目的で、市町村の行なう焼却炉建設に補助金を支給する補助金事業が、環境省の最大の事業となっていた。

5社とも6社ともいわれる巨大焼却炉メーカーが、環境省の補助金を受ける市町村の焼却炉建設事業に絡んで全国的に談合を繰り返し、公正取引委員会が摘発し、最高裁で有罪判決が出されたことは「焼却炉談合事件」として有名である。

しかし環境省は、その補助金交付システムをそのまま復興予算流用に利用していたのだ。

この補助金だが、地球温暖化が問題になって以降、炭酸ガス（CO_2）抑制のため、ごみ発電機構を付加することを条件に補助金が支給されることになり、それを「循環型社会形成推進交付金」と名付け、環境省は毎年、数百億円を市町村に交付してきた。

今回、環境省はこの「循環型社会形成推進交付金」に「通常枠」と「復旧・復興枠」を設け、これまで通りに環境省の予算から支給されるものを「通常枠」とし、復興予算を使うものを「復旧・復興枠」とした。

そのうえで、「復旧・復興枠」でこの交付金を受ければ、市町村が負担する事業費は、国から支給される交付金と交付税によってすべて賄われ、市町村の負担がゼロになるようにしたのだ。

図表5で見るように、通常枠では、市町村が行なう一般廃棄物処理施設の整備事業には、事業費の2分の1から3分の1の交付金が支給され、残りは市町村が自己負担することとなっている。

図表5　主な復興予算流用先自治体と金額
「通常枠」と「復旧・復興枠」の違い

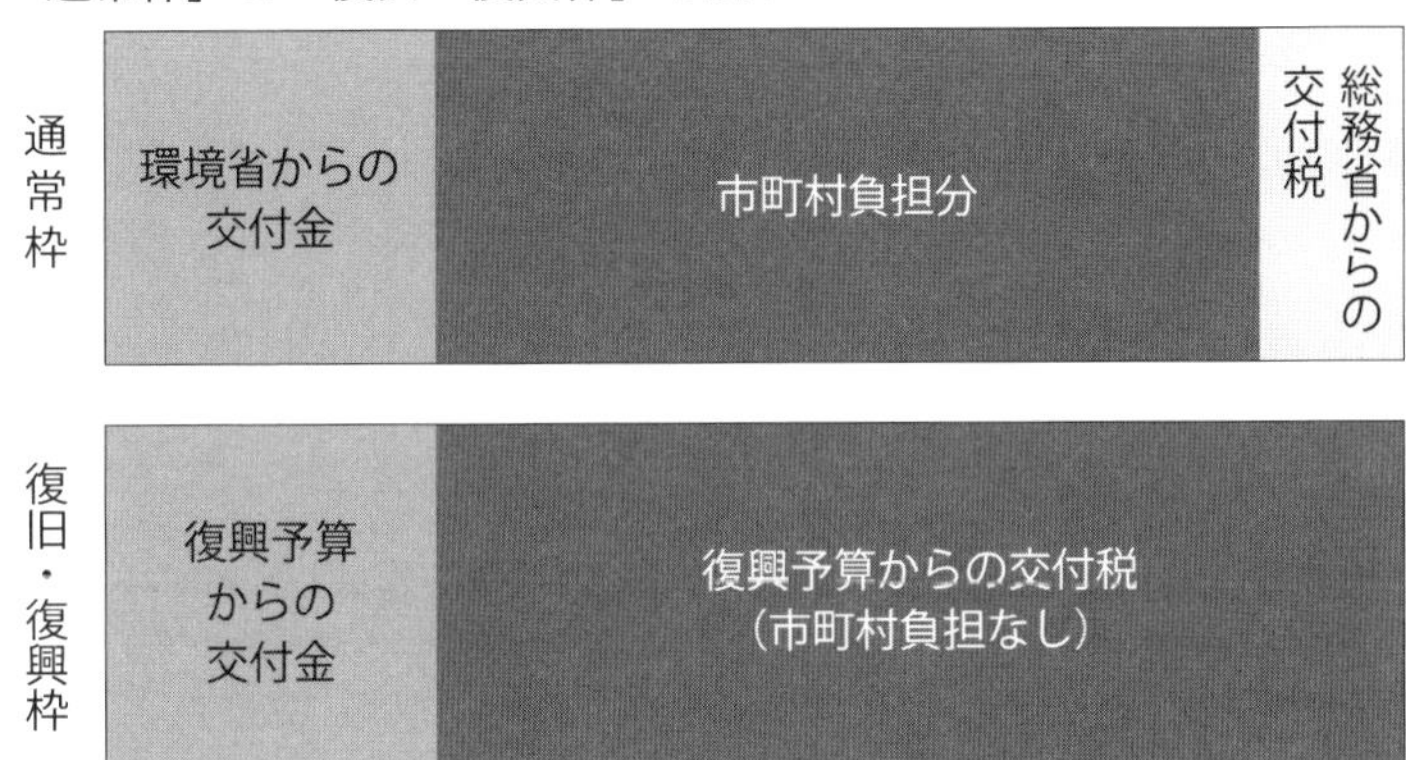

そしてその自己負担分は、起債立てし、後年度負担として、15年から20年かけて返済する形をとってきた。

通常の交付税は、借金返済の過程で何割かを総務省から支給されることで、市町村の負担分が軽くなるというものだ。それに対し、事業費から交付金を差し引いた残りが全額交付税で支払われるのは、異例中の異例だ。後年度負担を考えれば、市町村にとって「復旧・復興枠」の交付金は、実にありがたいものだった。

しかしその交付金も交付税も、資金は復興予算である。そのようなことがなぜ許されるのか。

〈役人がひねり出した「流用の大義名分」〉

環境省が、循環型社会形成推進交付金に、これまでの「通常枠」に加えて「復旧・復興枠」を設けたからといって、それを選択するのはあくまで交付金を受ける地方公共団体―市町村である。

廃棄物処理法では、市町村の各家庭や小規模事業者から出されるごみは、一般廃棄物として、自治体の責任で処理することが謳われている。一般廃棄物の処理や処理施設の建設など整備事業の主体はあくまで市町村であり、環境省はそれを補助する立場である。

したがって形式上、環境省は、交付金を支給するにあたり、通常枠か復旧・復興枠か、どちらかを選択するように求め、発表されている75の地方公共団体は、自ら復旧・復興枠を選んだことになっている。

しかし、被災地とは関係のない市町村の清掃工場やリサイクル施設などの建設費に復興予算を使うのは、誰が考えてもおかしい。環境省の方から、復興予算を使うことができると言わなければ、各自治体が勝手に利用できるわけがない。

そこで、環境省が復興予算を受け取る大義名分として示したのが、「ガレキ広域処理の受け入れ」に関連させるという方法だった。環境省が通知した「環廃対発120315001号」の文書によると、「災害廃棄物の広域処理を促進するための災害廃棄物の受け入れの可能性のある施設の整備のための予算を計上する」としている。

つまり、広域処理でガレキを被災地から受け入れたいが、設備の関係で現状は不可能である。しかし施設を整備すれば受け入れが可能になる。だから整備に復興予算を使える、というわけだ。

放射能汚染の拡散という問題を抜きにすれば、一見もっともそうな理由だが、広域処理を始めたときの環境省の説明を思い出すと、大きく矛盾していることが分かる。

ガレキの広域処理は、当時の松本龍環境大臣が、災害廃棄物の処理にあたり、被災地に新たな処理施設を作って費用をかけるのなら、全国にある既存の清掃工場の余力を利用して処理すれば、経済的にも効率がいいという話で始められた。

ガレキを受け入れる市町村が、あらためて金をかけて処分施設を整備・建設しなければならないのであれば、被災地の地元で処理するための施設を作ればいい。もし、処理するがれきが安全なものならば、その方が地元の雇用や復興に寄与することになる。

もともと全国の市町村が持つ清掃工場の遊休施設、余力のある施設を利用して進めるはずの広域処理が、いつのまにか設備のない市町村にガレキを運び込むことを前提に法令処理されていたのだ。

環境省のトップ官僚は、こうして交付金の違法な流用に関与していた。

しかし環境省は、循環型社会形成推進交付金を復旧・復興枠で支給することには異常なまでに熱心であったが、復興予算を使う理由とした広域処理自体はどうでもよかったことが、その後次々に明らかになった。

一つはこの問題を早くから採り上げてきた「週刊ポスト」が「震災がれき受け入れ『表明して撤回』でも10自治体に176億円」（2013年4月12日号）と報じた件だ。これは全国的にも有名になったが、ガレキの受け入れを交付金支給の条件にしながら、そんなことにはこだわ

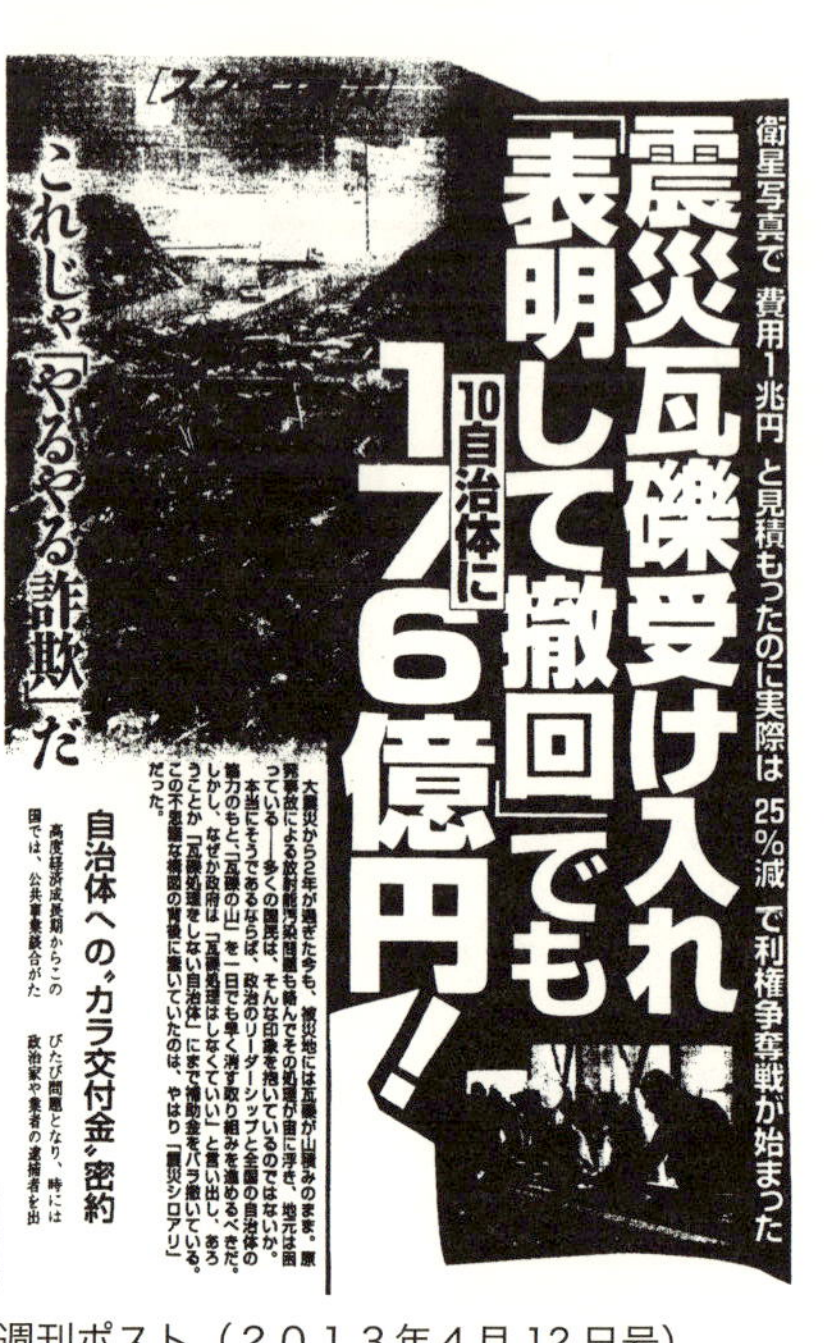
衛星写真で「費用1兆円」と見積もったのに実際は「25%減」で利権争奪戦が始まった

震災瓦礫受け入れ「表明して撤回」でも「10自治体に」176億円！

これじゃ「やるやる詐欺」だ

大震災から2年が過ぎた今も、被災地には瓦礫が山積みのまま。原発事故による放射能汚染問題も絡んでその処理が宙に浮き、地元は困っている——多くの国民は、そんな印象を抱いているのではないか。

本当にそうであるならば、政治のリーダーシップと全国の自治体の協力のもと、「瓦礫の山」を一日でも早く消す取り組みを進めるべきだ。

しかし、なぜか政府は「瓦礫処理はしなくていい」と言い出し、あろうことか「瓦礫処理をしない自治体」にまで補助金をバラ撒いている。

この不思議な構図の背後に蠢いていたのは、やはり「震災シロアリ」だった。

自治体への"カラ交付金"密約

高度経済成長期からこの国では、公共事業談合がたびたび問題となり、時には政治家や業者の逮捕者を出

週刊ポスト（２０１３年４月12日号）

りなく流用していた事実が指摘されていた。

もう一つは、復旧・復興枠の交付金を受け取った市町村のうち、たった一割しかガレキを受け入れていなかったという、２０１３年３月の東京新聞の報道だ。

さらに環境省による、焼却施設の余力能力の調査には協力したものの、市としてはガレキの受け入れはできないという意思を示していた、大阪府堺市への環境省による復旧・復興枠利用の強制がある（前掲「紙の爆弾」２０１３年8月号、10月号記事を参照）。

環境省が「通常枠」か「復旧・復興枠」かの選択を求めたのに対し、堺市は3度にわたって、「通常枠」と答えた。堺市の担当者は、市がガレキの受け入れの検討すらしていず、受け入れの予定もなかったのでそのように答えたのである。ところが環境省は、最後には勝手に「復旧・復興枠」での内示を行なってしまった。

そして堺市の担当者の「通常枠への変更はできないのか」という問い合わせに「できない」と答え、「通常枠」にしたときには、残りの事業費を工面するための国からの借金＝起債ができないという嘘までついていたことが情報公開などで分かったのだ。

「これではまるでガレキの受け入れ詐欺だ」と言うのは、情報開示請求を行ない、堺市の担当者から事情を聞いた大阪市民である。東京の三鷹市と調布市からなるふじみ衛生組合でも、ガレキは受け入れていないが、堺市と同様の嘘がつかれ、復旧・復興枠で交付されている。

〈流用の本当の目的と違法性〉

環境省が通常枠で交付金を出す場合、その資金は、環境省の本予算から市町村に交付されることになる。一方、復旧・復興枠で交付金を出せば、復興予算から支給されることになり、その分、ほかにも金を使えることになる。

山本太郎参院議員の質問主意書への答弁によって、その主な使い途が明らかになっている。

2012年度は、高効率ごみ発電に約110億円、個人宅に設ける浄化槽設備への補助金が約94億円、そのほか基幹的設備改良事業、超寿命化計画策定支援事業、マテリアルリサイクル推進施設などに使われていたことが分かった。

環境省は、復旧・復興枠の交付金として復興予算から207億円を使い、市町村に清掃工場などの処理設備の補助金を渡しながら、その一方で高効率ごみ発電や浄化槽設備事業にも従来通り支給し、支給対象市町村や支給額を倍加させていたのである。

環境省が従来から懇意にしてきた焼却炉メーカーなどとの関係は、復興予算の流用と本予算で二重に手厚く確保しながら、浄化槽の設置人口を約21万件も増加させていたことが分かった。環境省が交付金を復旧・復興枠で支給することに執着した理由は、こうして事業権益を増加させることにあったのだ。

要するに、復興予算の流用により、新たな事業に巨額の投資を行ない、利権のすそ野を広げていたと考えられる。

もちろんこれだけだと、一般廃棄物処理事業の主体である市町村にとってうまみはない。そこで総務省と謀り、交付税を使って、復旧・復興枠にしたときには市町村の事業費がゼロになるように画策したのである。

こうして復興予算を使い省庁の予算を倍加させるだけでなく、市町村を共犯者として仲間に入れ、焼却炉やリサイクル施設を作らせた。

そして、もちろんそのことによって、被災地や被災者、避難者に本来支給され、充当される復興予算がかすめ取られている。

財形法定主義の基本からすれば、法律に基づき、予算化したお金でなければ、使うことは禁じられている。復興予算は復興基本法に基づき確定し、その原資は国民へのサービスを棚上げしたり、国民への増税によって確保することを定めてきたのである。国民による被災地復興の願いがバックにあって、実現した復興予算なのだ。

今回の環境省による流用は、こうした法、予算の成立過程を無視したものだ。これが国会で追及され、罰せられることがなければ、官僚たちに無限の裁量権、官僚独裁体制を認めることになる。

〈問われる安倍首相と環境大臣の責任〉

昨年6月の参議院環境委員会での平山誠参院議員による、この流用問題の質問に対して、石原伸晃環境大臣は民主党時代に行なったことであり、3・11後の混乱状況でのことで、大目に見たいと他人事のように話していた。

しかし富山県高岡地区広域圏事業組合は復旧・復興枠での交付金を、2012年度の18億円に続き、2013年度も53億円も受け取っていたことが分かった。もちろん、自公が政権復帰したあとに決定されたことである。

さらに、この問題を2012年から追及してきたジャーナリスト・福場ひとみ氏は、当初、被災地の復興にのみ手当てすることを謳っていた復興基本法を、被災地以外に使えるように手を加えさせたのは、自公と官僚たちだと指摘している（『国家のシロアリ』小学館）。いずれにせよ今回の流用の主犯は環境省であり、130もの市町村を巻き込んだ責任は免れない。

しかも、高岡地区事業組合は、現在も焼却炉建設の途上である。竣工は2014年9月といわれ、広域処理の終了時期である3月31日にはすでに間に合わない。つまり、明らかにガレキ処理を建前にした詐欺のような横流し行為である。

そのうえ、この高岡地区事業組合への復興予算流用は、高岡市が市の清掃工場でガレキを受け入れたことを理由としていたが、そもそも同組合は、高岡市と小矢部市、氷見市の3市による清掃一部事務組合であり、自治法上も別の自治体で、同一に論じること自体不見識である。

さらに、高岡市の清掃工場で試験焼却が2012年末に行なわれたが、その前に同事業組合は、2012年度の復旧・復興枠での補助金を申請していた事実が今回、分かった。

二重三重に違法行為を行なったのだ。国会での環境大臣の釈明と関係官僚への責任追及は不可避である。

3月18日、環境省に強制されるように復旧・復興枠での交付金を受け取った堺市に対して、住民の本多真紀子さんら7名が住民監査請求を行ない、交付金を国に返還することを求めた。

環境省の違法行為に加担した市町村の住民からの異議申し立てが、被災地からの声援を受けて始まっている。

〈引用終了〉

環境省の復興資金流用

復興資金流用問題は、2013年の夏から秋にかけて、被災地の復興予算が被災地以外に使われていることが発覚し、大手メディアでも報道された。本来、被災地の復興や被災者の救済に向けられるべき復興資金が、各省庁の予算として使われ、流用された事実は、国の土台を支えているはずの官僚機構の腐敗をありありと示している。

この流用問題で、環境省が一躍ダーティな〝主役〟の座に駆け上り、メディアでも取り上げられたのは、前章でも見た堺市を舞台にした「手を挙げただけで交付金」問題だ。この交付金は、全国の市町村のごみを焼却する清掃工場等の整備（建設やメンテナンス）費用に使われていた。よりによって、全国各地の市町村が運営する街の清掃工場の建設費につぎ込んだというのだ。

筆者はある復興資金流用先の自治体での講演で、「清掃工場は一度建設されると、30年近く使われる。その清掃工場の煙突を見るたびに、この工場は復興資金をくすねて建てたものだと末代まで言われますよ」と、返還活動の必要性を訴えた。

では、どのような理由で環境省はお金をつぎ込んだのか。前項の報告で見たように、「がれきを受け入れるつもりがあるが、受け入れ予定の清掃工場は補修が必要である。補修を終えれば受け入れが可能な施設には、復興資金から補助金を出してよい」というのだ。

その場合でも、あくまでがれきの受け入れが、建前上の条件になっていた。ところが蓋を開けると、同種の補助金を得た自治体で、実際にがれきを受け入れていたところは、わずか1割だった。官僚たちにとって、あれだけ声高に叫んできたがれきの広域処理でさえ、それ自体はどうでもよく、清掃工場の焼却炉建設費用としてお金を使うことが目的になっていたのである。

以下、復興資金の全体像を概観し、環境省ががれき広域処理と関連させて流用した実態を追う。

(1)東日本大震災復興資金

復興資金は、東日本大震災による被災地の復興を掲げて、通常の国家予算（一般会計約100兆円弱）とは別に25兆円の復興特別会計を予算化したものだ。現在まで約20兆円強が予算化されている。財源を国債に求めることをやめ、増税と、予定していた財源の棚上げや圧縮によって確保された。より具体的には、次のようになっていた。

・棚上げしたもの……「高速道路無料化」「子ども手当ての大半」

・増税分……所得税2・1％（25年間）、住民税年額1000円（10年間）、法人税10％（3年間。ただし、法人税の減税措置があり、実質は減額。そして流用問題が明らかになる中で、法人税のみ1年前倒しで2年間で終了）

復興資金とは一言で言えば、被災地の支援のために、国民は自分たちが受けるサービスを後回しにし、さらに10年から25年にわたる増税にも協力して、被災地の復興を願い、予算化したものである。いわば被災地を思う国民の願に支えられ成立した。被災地の不幸を全国民が自分たちのものとする〝絆〟による予算だったといえる。

ところが官僚たちは、本来なら省庁が一般会計で予算化し、実施していた事業に流用した。その流用によって、各省庁は事業につぎ込む予算を倍増させ、事業権益を増大させた。

被災地の救済を名目として集めた復興資金を流用し、それを横流しする犯罪行為を官僚たちは、

宮古市の仮設焼却炉。筆者撮影

国家ぐるみで行なっていたのだ。がれき問題に絡んだ環境省の流用が、その象徴的なケースである。

(2)流用はどのように行なわれたか

各省庁の流用で、環境省の交付金（補助金）事業のほかに大きく取り上げられたのには、以下のようなものがある。

・財務省による全国の税務署の耐震構造化

・厚生労働省の雇用創出事業（被災地には予算の半分しか手当てされていない）

・経済産業省による原子力発電に係る研究

・農林水産省による全国の林道建設

本来被災地につぎ込まれなければならない復興予算が、なぜ各省庁のこうした予算に流用されたのか。流用はどのように、誰の権限で行なわれたのか。総額で1兆4000億円にも上る額が指摘されながら、なぜ流用した当の省庁の誰も謝罪せず、責任を取ったという話が聞こえてこないのか。

絆キャンペーンの裏で、被災地への復興資金を流用する。この腐敗を放置して、今後、官僚たちに政策実行の権限を委ねることはできない。

以下、復興資金流用が官僚たちによってどのように準備され、画策されたのかを見る。

第一の仕掛けは、「東日本大震災復興基本法」作成時に、流用の余地を残す法案への修正が図られていたことにある。当時の民主党政権下で与党が作った原案は、復興資金の使用について「被災地のみ」としていたが、その部分を書き換え、全国の防災・減災に使えるという修正が、自公と官僚たちの両方の働きかけによって、行なわれたのである（『国家のシロアリ』）。小さな穴を開けて、その穴を拡大していく。環境省による市町村の清掃工場の建設への流用が好例である。

もちろん、法案の趣旨やその他関連法案との関係性から言って、復興資金を被災地の復興や避難者への救援以外に使っていいわけがない。流用するにしても、筋道立った理由が必要である。ところが官僚たちは、この「全国の防災・減災に使える」という蟻の一穴を拡大解釈できると説明し、メディアや有識者たちの多くも合法と誤って解釈し、批判の矛を収めた。しかしこのような例外規定をよりどころにし、東京での税務署の耐震化や九州での林道建設に、復興資金が使われることが許されれば、官僚たちは自分たちの思惑通りに何でもできることになる。しかしこれは、国会で取り上げられれば、議会がストップするくらいの案件である。いずれにせよ官僚たちが、資金流用を念頭に置いて、「東日本大震災復興基本法」の修正を図っていたことは明らかだ。

そうはいっても被災地の復興のための予算は、がれきの処理、仮設住宅の整備、避難者への手当て、公共施設の建設、街の基盤整理、復興住宅の建設、事業再開基金、街づくり資金防災施設の建設など、ちょっと考えても、この25兆円でも少ないほどの資金が必要だ。それらに復興資金が順当に使われていれば、そもそも流用する余地はなかったはずである。

そこで官僚たちは、第2の仕掛けとして、復興庁の開設を、なんと翌2012年2月まで延ばし、その間、復興資金を各省庁に委ねる形にしてしまったのである。復興資金は、本来は復興庁が一元管理し、予算活用すればよかった。阪神淡路大震災では、1週間後にできた復興庁が、今回は、11ヶ月後に先延ばしされたのだ。結果、被災地に投下する復興資金は、縦割り省庁間の調整などで渋滞を起こし、1年後でも、4割以上は使われていなかった（p230図表3）。それらの間隙を狙って、各省庁が資金流用を図ったのである。

さらに、第3の仕掛けとして、官僚たちは流用を念頭に置いて過大な予算化を図った。この過大予算化の事例は、環境省や国交省に特徴的に見ることができる。

環境省の場合、がれきの広域化にあたって、

①がれきの発生量をコンサル会社と組んで過大に見積もり、

②経費負担が2倍以上かかる広域化の必要量を架空計上し、

③しかも、処理は焼却をベースとして、がれきをそのままマウントして緑地公園にしたり、みどりの防潮堤にするなどの政策には見向きもせず、

④実際に必要な処理経費の2倍以上から3倍弱の予算を組んだ。

国交省では、400㎞に渡る防潮堤計画を立て、各地域ごとの街づくりや復興計画、効果的な避難計画、水利計画とは無関係にコンクリートと鉄材をつぎ込む防潮堤を作ろうとしている。現地の資源を利用した「みどりの防潮堤」計画で行なえば10分の1の予算で実現可能なものを、無駄使いに走っていた。

このようにがれきの広域化や防潮堤計画は、それ自体が復興とは無縁といえるものだった。

官僚たちは、巨大な権力と巨額の予算を武器に、こうして被災地の復興や避難者の救済、そして被曝対策に使わなければならない復興資金を流用した。そして、広告宣伝会社に依頼して、絆キャンペーンを行なってきた。

その実態は被災地や被災者との「絆」どころか、事業者との権益拡大を考えた政官業癒着の「腐敗の絆」（IWJ代表・岩上安身氏の言）でしかなかった。

(3)環境省による組織的な流用

各省庁が流用に走る中で、環境省が注目されたのは、先に指摘した堺市の86億円の事例に加え、環境省の通常業務の市町村への補助金「循環型社会推進形成交付金」の仕組みを復興資金流用の

ために作り変え、これまでの「通常枠」とは別に、「復旧・復興枠」を設けたことだ。この「復旧・復興枠」で支給する原資は復興資金から供給するとした。

前項で報告したように、復興資金から交付金を支給した自治体のうち、がれきの受け入れを行なったところは1割に満たなかった。

一方、流用したお金をばら撒いた先の自治体は百を超え、全国的な規模でのスキャンダルになっている。

この交付金を受け入れた地方自治体は、結局、環境省による復興資金流用の共犯者となった。その自治体の議会でも、理屈の通らない復興資金を受け入れることに対して、ほとんど反対の意見は出ず、「もらえるものはもらっておこう」という情けない対応に終始した。そうしたこともあって、地方の現場から流用を批判する声は上がらず、国会での追及も進まず、今日まで来たといえる。

そして各省庁のハゲタカのような流用によって、本来支給しなければならない被災地、被災者に支給されなかった結果、現在でも被災者は仮設住まいを余儀なくされ、復興住宅の建設は予定の数%という状況にある。

筆者らは、これら違法・不当に流用された復興資金の返還と、被災者への支給を求めて、「復興資金流用化問題ML――ブログ」（URL: http://blog.livedoor.jp/shikin_ryuyo/）を立ち上げ、資金の返還を求めている。

広域化と復興資金流用の関係

がれきの広域化や復興資金流用問題を耳にしたとき、「まさか、日本の基盤を支える官僚が、ここまでひどい悪事を働くわけがない」と思った人は多いだろう。ところが、私たち国民が知らないところで、官僚たちが、組織としてはマフィア化し、個人としてはモンスター化していた。

次の発言は、経産省官僚の後藤久典が、ネットに流した暴言である。

「復興は不必要だと正論を言わない政治家は死ねばいいと思う」

「(復興増税は)年金支給年齢をとっくに超えたじじぃとばばぁが、既得権益の漁業権をむさぼるため」

「(天下りを示唆するような)あまり下まであと3年、がんばろっと」

ここには、多くの国民が被災地と被災者の悲しみに寄り添い、被災地との絆に思いを寄せたかけらさえない。後藤が順調に出世の階段を上ってきた官僚であることを考えると、彼のような存在が、官僚たちの中で当たり前に存在していたことが、想定される。彼のようなモンスターが増殖し、復興資金の流用を企て、必要のない広域化を進め、自分たちの省庁予算にその資金を横流しし、利権に走っていた。

復興資金の国家ぐるみの詐取は、これまでの問題を整理すると、以下のようにまとめることができる。

①震災復興基本法に手を入れ、「被災地以外」でも、復興資金を使えるように画策した。
②復興庁の立ち上げを遅らせ、復興資金が各省庁の手に渡るようにした。
③数々の法令上の仕掛けによって、資金の流用が合法だと思わせてきた（一遍の法令によって、官僚たちが全権限を入手するような解釈は、法令を解釈した方に問題があるといえる。といっても、仕掛けたほうは千倍も悪い）。

したがって、本書では、主に環境省の問題を取り上げてきたが、この復興資金流用の仕掛けの作られ方を見ると、国家ぐるみの悪事だったといってよい。

復興資金を国家の官僚たちが詐取し、地方自治体の役人たちにもがれきの広域化に協力させ、補助金交付という形で巻き込み、その「悪の輪」を広げてきた。

環境省では、この資金流用に当たり、がれきの広域化を大きな手段にしてきたが、そこでは、絆キャンペーンを繰り広げながら、被災地や被災者との「絆」はつめの先ほども考えず、実態としては、巨大ゼネコンや焼却炉メーカーなどとの「腐敗の絆」の下に動いてきた。

戦後70年、先人たちのさまざまな闘いの中で進められてきた地方分権の動きや地方行政における改革の動きも、絆キャンペーンとその裏で巨額が分配されることで、なきものにされていた。地方議会や国会は、まるで大政翼賛会のような様相だ。

国や環境省はひたすら事実を隠すことに徹し、メディアの様子を伺いながら、がれきの広域化に異論を唱える市民には、時に警察による逮捕という弾圧まで与えた。『ショックドクトリン―

―惨事便乗型資本主義の正体を暴く』（ナオミ・クライン著、岩波書店）では、災害や戦争などをきっかけに、時代を逆行させる独裁国家を作ってきた世界の事例が報告されている。災害などによって集団ショック状態に陥った人々を、非民主主義的で暴力的な方法で操作し、一気に社会を転覆させてしまうのである。

未曾有の大災害の後、すぐさま復興資金の流用を企て、復興基本法の作成時には民主党の看板政策を放棄させ、政権転覆の仕掛けを行ない、原発再稼動、特定秘密保護法成立、集団的自衛権容認へと突き進む者たちは、すでに日本の官僚独裁を見据えているかもしれない。

がれきの広域化は、各地で草の根の力を発揮し、創意工夫の下に進められ、破綻させることができたが、その結果、姿を現した官僚たちとの闘いは、これもまた長いものになりそうである。しかし、このまま「腐敗の絆」を、未来の社会に先送りすることはできない。がれき問題の過程でできた連携を大切にして、未来のために「腐敗の絆」を打ち破っていきたい。

※1：「がれき広域処理の受け入れ機関と受け入れ量」（環境総合研究所　青山貞一・池田こみち）より筆者が基礎自治体と1部事務組合が受け入れた自治体関係の総量を計算

※2：池田こみち講演資料「必要なかった災害廃棄物の広域処理～その本質的課題を検証する～」（2013年4月13日 主催：「特定非営利活動法人 NPO研修・情報センター」及び「共働 e-news」）

第9章を振り返って

がれきの広域化は、復興予算立案のベースとなった400万トンのうち、わずか数%を処理したのみで破綻した。

全国各地のがれきの受け入れが予測された自治体では、市民が約千回の講演会や学習会を開き、自主的な市民運動を繰り広げ、326交渉ネット、専門家、ネットメディアや多くのブロガー、ジャーナリストたちがそれと連携した。広域化の破綻は、これらの総合力がもたらした結果といえる。

その破綻によって、受け入れを予定していた市町村の多くの市民は安堵したが、その一方で、破綻の影から浮かび上がってきたモンスター官僚の黒い意図は、見過ごすことができないものであった。

結局、がれきの広域化は、発生量の過大な見積もりと合わせて、処理コストを3倍増にするための仕掛けだった。しかし巨額の予算を立てても、実際の処理にあたっては、はるかに少ない量のがれきしかなかった。広域化実施量も数%でしかない。そのため、過大に立てた予算は余るだけである。この資金は復興資金から予算立てされていることもあり、むやみに他の予算に使うことはできない。しかし官僚たちにとっては、懇意にするゼネコンや事業者に対して予算を使ってこそ、利得が生じる。

そこで官僚たちが考えたのが、①東日本大震災復興基本法を、被災地以外でも支給できるように書き換え（官僚たちに自公も協力）、②復興庁に復興資金の権限を委ねず、各省庁に分配し、③復興予算がなかなか使えないようにして、各省庁の手元に巨額の復興資金を残し、当然のように資金を、勝手に使っていったのである。環境省でいえば残った巨額の復興資金を、全国の市町村の焼却炉建設などの一般廃棄物の処理施設の建設費への補助金として流用した。２０１１年度から２０１３年度に至るまで、環境省は通常の一般会計の予算以外に、この復興資金の剰余金を同省の補助金事業に使い、予算規模を倍加させたのである。

もちろんこうした流用は、環境省だけでなく、他の省庁も含めた国家規模で行なわれていた。

宝永の大噴火に当たり、災害対策のために集められた資金を、江戸幕府の下で役人たちが、利権のために流用した悪事が、今の時代にも行なわれていた。江戸時代ならば、伊奈半左衛門のように身を捨てて被災者の救済を行なうというのが、唯一可能なことであった。しかし現代の民主的な社会システムの下では、これらのモンスター官僚たちの悪事を明らかにし、法の裁きを求め、各省庁が今も蓄えこんでいる復興資金を返還させることが、私たちのすべきことだと考える。

上記で見てきたような大きな課題を見据えつつ、環境省には、この間放棄してきた本来の「環境規制省」としての役割を取り戻すこと、そして原発事故によって放出された大量の放射性物質の安全な処理という問題が残されている。原発事故によって放射性物質は広域に飛散し、空気や大地を汚染した。焼却処理によって濃縮された焼却灰や高濃度の放射性物質などは、指定廃棄物としてどう処理するか、いまだに問われている最中だ。

また東北被災3県で、この間保管されてきた、汚染された牧草などの農業系廃棄物が、各地の清掃工場で焼却される動きもある。草木や汚泥などの汚染廃棄物を焼却しても、バグフィルターを付設していれば99・99％除去できるという環境省の焼却安全論は、2014年9月の廃棄物資源循環学会で、岩見億丈医学博士が誤りを指摘、批判した。出席していた安全論の中心人物である大迫政浩氏も、まともな反論ができなかった。改めて焼却安全論の神話は崩れつつある。

環境省が、汚染廃棄物の処理を焼却中心に進める中で、汚染から国民を守ることは、私たち市民や心ある専門家の役割となっている。あらゆる環境問題に目を光らせるEPA（米国環境保護庁）になぞらえ、かつ市民の側に立って対処できる〝市民環境省〟の結成を見据えて、環境問題に取り組みつつ、官僚独裁の打破を考えてゆきたい。

あとがき

宝永の大噴火に際して復興に当たった伊奈半左衛門は、幕府が大半の復興資金を流用する中で、被災者のためにお蔵米を使い、命を賭けて救済に当たった。伊奈半左衛門が、この本で報告したモンスター官僚による震災がれきの処理と流用化を知ったら何と言うだろう。彼の切腹が、後の世に期待をかけてのものであったとしたら、官僚たちが未来を考えず、私利私欲に走る様に、怒りだすに違いない。

〈絆キャンペーン白書〉

絆キャンペーンの下に進められた震災がれきの広域化。ほとんどの政党が賛同し、ほとんどの大手新聞が政府広告（P78）を掲載した。そして、広域化に協力しなければ被災地との絆が失われるという、無言の訴えが行なわれた。しかし広域化が破綻的に終了し、資金流用こそが本当の目的だという、詐欺のような実態が分かった。行政府の報告をそのまま報道し、絆キャンペーンに協力したメディアは、その詐欺に手を貸していたことになる。どうやって責任をとるのであろうか。

がれきの広域化の理由として語られたのは、以下の2点だった。

・震災がれきは、被災地だけでは処理できない。全国の市町村で受け入れ、復興を手伝ってほしい。

・3年以内にがれき処理を完了させねば、復興計画が遅れる。

「広域化がなければ、被災地の復興はない」と見てきたような嘘がまことしやかに報じられた。ところが終わってみれば、本書で報告した通り、がれきは被災地の県や市町村で処理することができ、広域処理は、必要がなかった。しかもがれきの発生量や広域化必要量は、大幅に水増しされていた。

がれき処理については3年以内と説明しながら、3年を過ぎた現在も、避難者の仮設住まいは続き、復興住宅の建設は必要量の数%という状態だ。「一刻も早く」は、広域化のための方便でしかなかった。

すべては、官僚たちが巨額の予算を付けるための「方便」であり仕掛けでしかなかった。従来の処理コスト（1トン2・2万円）で考えると4000億円で済むものを、1兆7000億円、約3倍弱もの予算を立てていた。巨額の余剰予算を作り、利権でつながる事業者に流していく国家ぐるみの詐欺だった。

官僚たちは被災者救援の大義にはうわの空で、自分たちの利得に走った。これは即ち、国が中心部から腐敗し始めているということである。このまま放置することはできない。

〈資金流用は犯罪であるという意識の希薄さ〉

東日本大震災の復興資金として予定された額は25兆円。現在まで20兆円前後が復興特別会計として、通常の一般会計とは別枠で予算化された。本編でも触れたように、使い道は、縦割り行政の下で、400㎞に渡る防潮堤計画など、被災地の復興に役立っているようには見えない。明らかになっているだけでも、各省庁で流用された金額は、1兆4000億円と言われている。

一般に脱税額が1億円を超えると懲役刑の罪に問われるが、今回の流用は、1兆円を超える犯罪であり、首謀者10人を〝100年の懲役刑〟にしなければならない不正行為である。

日本の徴税の仕組みと、お金を適正に使う仕組みのバランスが悪く、国の予算や復興資金を大事に使うという意識は、役人たちに希薄である。

国税庁には、脱税に目を光らせるマルサ、査察部門などもある。ところが、お金の無駄使いや不正な使用については、会計検査院や国会がチェックする役割を担っているものの、今回の資金流用についても、チェックし返還させる動きは見えない。チェック機能は、どこかで目詰まりを起こしている。

しかし今回の問題で、誰一人罪に問われることなく済まされれば、腐敗した官僚は、これをよいことに、さらに増殖する。今アンタッチャブル――汚職に手を貸さない――な市民と専門家、そしてジャーナリストとの連携を作らなければ、社会は官僚独裁―官制マフィアの支配する国家となる。

〈原発事故の被害とその影響〉

科学的な事実と向き合い、事故による被害の特定と、これ以上の拡大阻止は、私たち大人の課題である。がれきの広域化との闘いは、これらについて、何を残したのであろうか。

東日本大震災によって2万余の人が亡くなり、今も9万人が、仮設住宅住まいを強いられている。その上、原発事故の関連死は、1000人を数え、今も20万人以上が故郷を追われ、福島県周辺は、チェルノブイリの避難区域レベルの空間線量を示している。

しかも恐れていた被曝による影響は、子どもたちの甲状腺がんの患者が疑いを含めて112人と表れ始め、岡山大学の津田敏秀教授は、多発の兆候と指摘している。国会の事故調査委員会は、事故の原因を地震によるものとし、日本のどの地域の原発についても稼働による危険性を示唆している。

そして今も汚染水は、日量400トンも流れ出し、汚染廃棄物は、焼却炉で燃やされ大気を汚染している。

事故による影響は、今も続いているのだ。

放射性物質は究極の有害物質であり、環境と生命への影響を考えたとき、以下の対策が不可欠である。
①放射能汚染物の焼却を止めさせ、汚染の拡大を防ぐ。
②甲状腺がんをはじめとする事故の被害を特定し、対策を講じる。
③被曝者、避難者への健康対策と生活対策を取る。
④再稼働を止めさせる。

これに対して国の対応は、各部門ごとに御用学者を使い、ひたすら原発事故と放射能汚染、被曝による影響を過少評価し、メディアで問題化されるのを防ぐ対応をとってきた。

たとえば甲状腺学会の代表であり、事故後急遽福島県立医科大学の副学長に就任した山下俊一長崎大学教授は、福島県内に配布しようとしていた安定ヨウ素剤の服用を必要ないと中止させた。ところが、本人の発表論文には、原発事故時、放出される放射性ヨウ素による甲状腺疾患を避けるために、安定ヨウ素剤の服用が効果を発揮すると書かれていた。しかも県民への配布は止めさせながら、福島県立医大内の医師や職員は服用していた（朝日新聞「プロメテウスの罠」）。

こうした御用学者との闘いは、震災がれきの闘いの中でも、バグフィルターをめぐって行なわれた。

どのような地位にある者が言うかではなく、科学的事実に基づき、私たち自身が判断し、環境汚染と被曝の影響から健康を守る実践論を打ち立てることが求められている。

すでにがれきの広域化と闘ってきた市民団体は、有為な専門家と手を携えながら、市民環境省を築いていきつつある。

〈女性を先頭にした命を守る闘い〉

がれきの広域化の闘いでは、女性が活動の根っこを支えていた。臭いも色もなく、遺伝子を損傷し未来を閉ざす放射性物質。この拡散・焼却・希釈は世界のタブーである。しかしその危険性は、交通信号機のように「青」から「黄」そして「赤」と言うように、放射性物質が知らせてくれるわけではない。監視しているはずの国や原子力規制委員会は、ひたすら事故の実態を隠し、「直ちに健康に影響を与えない」と過小評価する間違った情報を伝えてきた。

結局、抵抗力がなく、体力のない子どもに、鼻血が出たり、紫斑が出たり、自覚症状系の疾患が出た。子どもが放射能汚染をチェックするリトマス試験紙のような役目を負わされたのである。そのただならない体調変化や異変をすばやく母たちがキャッチして、避難行動に移した。

伊奈半左衛門は、今までの生活の場所から遠く関西や北陸、四国、九州などの非汚染地域に子どもを避難させたお母さんやお父さんたちの行動を、未来を見据えた行動としてほめたたえるのではないかと思う。

被曝による影響を避けるために、福島や宮城、岩手、そして千葉や東京などから避難することは、大きな冒険だったといえる。

それらの行動は、ひたすら子どもたちが安心し、安全に暮らせる生活の場を得るという子どもの未来に賭けた行動だった。

本編で見たように、非汚染地域への女性たちの避難行があり、国や自治体による非常識ながれきの広域化が、その後を追いかけるように計画されたことで、全国のがれき広域化に反対する活動が生み出されたと、筆者自身は感じている。

もちろん被曝を避ける逃避行は、子を持つ母に限らず、自身に体調の変化を感じた人にとっても命を守る行動である。非汚染地域で筆者自身も避難した人と出会った。

子どもの未来を守るという人類共通の願いと母たちの愛情、そして実践行動が今回の闘いの出発となっていた生命を守るという共通の願いをベースにすることによって、各地での講演会や学習会、そして集会やデモが企画された。

各地の闘いで女性が代表者となり、けん引したことは、命と向かい合った闘いだったということと無関係ではないと思う。


〈一人から始まる加算主義〉


国や行政の理不尽さを批判する以上、活動体の中での自由・活発な議論は、市民の闘いの貴重なエネルギー源となる。しかし実践の場では、人材や時間の制約があって、その中で答えを出すことが必要になる。議論を練るより、明日からの実践が求められることもある。

各地で行なわれた市民の闘いがうまくいったのは、一人でも始めるという自立した市民たちが連携した結果だ。活動上での欠点や短所を誰かのせいにするのではなく、気がついた者が補い、信頼関係を積み重ねることもあった。

女性が前面に立ち、また女性がサポートする。男性は、潤滑剤になって活動する。そのようなパターンが作られた団体が、広がりを持ち、強い影響力を残せたように思う。

そして誰に頼ることなく、一人からでもできることからやり始める。自分が知りえた情報や感動を自分の中だけにしまいこむことなく、他人に伝える。自分なりに表現してその情報の伝達力を強めていく。自立した個々人による加算主義。これこそが利権でつながる腐敗の絆、強大な権力を打ち破る道だと、モンスター官僚たちとの攻防を通して感じた。

〈本書をたたき台に飛躍を〉

絆キャンペーンの下に進められたがれきの広域化は、絆とはまったく正反対の、絆を引き裂く政策だった。言葉だけを飾り、実態を覆い隠す広域処理は、当初全国で、被災地のためになると歓迎されていた。そのため広域化を阻止する闘いは、困難を極めたが、実態をすばやく察知し、事実を知らせるための行動に移した住民や市民の活躍によって、本書で報告したように、多くの地域で受け入れを撤回させたり、受け入れを形だけのものにすることができた。

引き裂かれた「絆」は、全国の住民、市民、そしてインターネットの力によって、新たによみがえらせることができた。

本書は構成として、市民の闘いの経過に沿って報告した。その上で、週刊誌や月刊誌、そしてインターネット上のブログに発表したその時々の内容を掲載した。そのため、一部重複するところがあり、煩雑さを招いた点は、お許しいただきたい。

この闘いは、国家が方針とし、ほとんどの政党が賛成したがれきの広域化をほぼ破綻させたという意味で、有史以来、稀有な事例だと考えている。今回掲載できなかったさまざまなエピソードや勝利に至る秘話・教訓なども、各地・各領域に多数存在すると思われる。そうした成果や実績は、本書をたたき台にして、発表するなど、これからの活動に生かしていただきたいと思う。

過去、さまざまな環境問題の闘いの歴史を振り返って、住民、市民側が重要な成果を残した場合でも、それらの事例や経過が社会に共有されることは稀であった。逆に行政側が、それらを教訓にして法改定などを行なう事例があった。

今回の成功例を参考にして、よりよき民主社会をつくるための市民活動にまい進していただきたい。

〈謝辞〉

なお筆者自身のがれき広域化との闘いは、多くの人の激励と情報提供、そして全国各地における講演会や集会、行政との交渉を作ってこられた皆さん、それらをインターネットで配信したＩＷＪ（岩上安身代表）やユープラン（三輪祐児代表）などの多くの方の活躍によって支えられてきた。

筆者を叱咤激励してくださったブログ「ごみ探偵団」主宰の吉田紀子さん、国際的視野で、闘いをけん引してくださった米国在住の川井和子さん、全国の闘いの現地から呼んでいただいた神奈川県横浜市の榎本めぐみさん、横須賀市の井崎浩子さん、静岡県島田市の白石ひろみさん、村野雪さん、福岡県の斉藤幸雄弁護士、北九州市の村上聡子さん、富山県の村山和弘さん、中山郁子さん、宮崎さゆりさん、宮城県仙台市の高橋良さん、岩手県宮古市の古館和子さん、盛岡市の吉田みゆきさん、秋田市の寺田千里さん、大阪府の松下勝則さん、黒河内繁美さん、本多真紀子さん、ほか多くの皆さんにこの場を借りて感謝したい。

また専門家グループとして、環境総合研究所の青山貞一、池田こみち両顧問、鷹取敦所長さんからは、本編でも紹介したように貴重なご教示をいただいた。

326政府交渉ネットワークの事務局の一員でもある筆者は、事務局メンバー・杉山義信さん、藤原寿和さん、佐藤れい子さん、奈須りえさんからも、絶大なる励ましとさまざまなアドバイスと示唆をいただいた。あわせて感謝をお伝えしたい。

最後に、本書を制作する上で、校正等のお願いを快く引き受けていただいた蔵田計成さん、北村孝至さん、吉野由美さんに厚く御礼を申し上げたい。

なお出版に当たり、引用・転載させていただいた一覧を別掲した。改めて皆様に感謝したい。

最後に一言付け加えたい。富士山「宝永の噴火」という未曽有の災害の復興を命がけで成し遂げた伊奈半左衛門郡代が、守護神となって、今回の東日本大震災の復興の取り組みに対して喝を入れ見守っている。感謝。

出典・引用・転載一覧

第一章

・美味しんぼ　ビッグコミックスピリッツ　2014年4月28日号

・『福島第1原発周辺の放射線量』――原発事故で全国各地に振ったセシウムの量」東京新聞（2011年10月3日付）

・「被曝の影響と考えられるツバメの変化」ティモシー・ムソー　サウスカロライナ大学教授撮影。「チェルノブイリから福島へ」ティモシー・ムソー講演会（2012年7月29日）東京実行委員会資料

・「環境省が放射性物質の焼却の方針――微粒子の拡散で内部被曝拡大」青木泰　週刊金曜日（2011年6月24日号）

第二章

・放射性セシウムの基準値（牛300ベクレル・日本人500ベクレル）北の山じろうブログ「取り残された福島県民に伝えたいこと」

・京都に届いた陸前高田市の松　高橋一徳撮影　朝日新聞社

・東日本各地の放射能汚染マップ　早川由紀夫群馬大学教授作成

・東日本各地における焼却灰の汚染マップ　同上

・「放射能汚染災害廃棄物の焼却」青木泰　月刊廃棄物（2011年10月号）

第三章

・代表的なバグフィルターの構造「泉環境エンジニアリング」ＨＰ

・大迫政浩発言　週刊アエラ（2011年8月8日号）

・仙台市の分別・資源化を基本にしたがれき処理　仙台市資料
・「放射能汚染がれきや汚泥、剪定ごみは燃やしてはいけない」青木泰　週刊金曜日（2011年10月14日号）
・「石原知事の庶民への『黙れ』発言――放射能汚染がれき焼却処理の間違い」青木泰　週刊金曜日（2011年12月9日号）
・「焼却ありき密室で決定　フィルター本当に安全」佐藤圭記者　東京新聞「こちら特報部」（2012年1月21日付）

第四章
・「震災がれき―受け入れ難色86％」埼玉新聞・共同通信配信（2012年3月4日付）
・「あえて問う、ガレキを全国にばらまくのか――震災復興不都合すぎる真実」週刊文春（2012年4月6日号）
・「ガレキ受け入れは被災者支援にならない―住宅と雇用の方が必要―広域処理でカネが地元に落ちない」SPA！（2012年4月3日号）
・「放射性廃棄物が埋められた土地が住宅、公園、畑になっていた」井部正之ジャーナリスト　FRIDAY（2012年4月3日号）
・『原発は廃炉に！　ガレキは燃やすな、動かすな』山本太郎緊急インタビュー」週刊女性（2012年3月20日号）
・「亡国の日本列島放射能汚染―震災がれき広域処理」青木泰　週刊金曜日（2012年3月30日号）

第五章
・「震災がれき―安全基準の根拠を―神奈川知事首相に要請」東京新聞（2012年3月7日付）
・「放射能知見ない環境省『公言』」佐藤圭記者　東京新聞（2012年3月27日付）
・「バグフィルターによるCs137の除去率」野田隆宏氏データまとめ
・「震災がれきは受け入れるな」林田英明著『それでもあなたは原発なのか』（南方新社）

・「震災がれき講演会―未来の為にやれること」小倉タイムス（2012年5月1日）

第六章

・「必要性がなくなった『がれき広域処理』～公金の行方と法的問題～災害廃棄物に係わる費用の問題」池田こみち　2012年8月1日 第2回院内学習会　配布資料
・「がれき広域処理の合理的根拠無し」合同調査チーム（青山貞一、池田こみち、鷹取敦、奈須りえ）緊急速報　独立系メディア E-waveTokyo　http://eritokyo.jp/independent/aoyama-democ1525..html
・「災害廃棄物処理業務（石巻ブロック）変更契約概要」宮城県2012年9月議会資料
・「石巻市の災害廃棄物の処理状況」北九州市住民説明会用資料（2012年5月1日作成）
・「がれき処理492億円減額―石巻地区と亘理、宮城県変更へ」河北新報（2012年9月4日）

第八章

・「県内がれき広域処理終了」静岡新聞（2013年1月22日付）
・「がれきの広域処理もうやめなはれ」広域化交流会発言録（き～子さん文字起し）http：//gareki326.jmdo.com/
・「震災がれき3月終了　予定の1年前倒し」（毎日新聞2013年1月11日付）
・「広域処理来月末で大半終了―結局は税金の無駄遣い」佐藤圭記者　東京新聞「こちら特報部」（2013年2月11日付）
・「がれき持込み詐欺の実態―石原伸晃環境大臣に問われる責任」青木泰　紙の爆弾（2013年8月号）
・「環境省が隠したい『不都合な真実』―がれき広域処理突如幕引きの理由」青木泰　紙の爆弾（2013年10月号）

第九章

・「県内がれき処理　来月完了━1200t、当初要請の9分の1」北日本新聞（2013年7月18日付）
・「必要なかった災害廃棄物の広域処理～その本質的課題を検証する～」池田こみち講演資料
・「自公・官僚機構が国民から詐取した復興予算流用1・4兆円」青木泰　紙の爆弾（2014年5月）
・「震災がれき受け入れ表明して撤回でも176億円」週刊ポスト（2013年4月12日号）
・「放射性物質を処理する焼却炉周辺の空間線量率に関する研究」岩見億丈　廃棄物資源循環学会論文（2014年9月）

※本書は、次の方針にのっとって表記を行ないました。
①肩書は、基本的に当時のものとする。
②引用については、本書の表記基準に合わせて、主旨が損なわれない範囲で統一する。

<著者プロフィール>

青木　泰（あおき・やすし）
環境ジャーナリスト

和歌山県出身。大手時計会社の技術研究所に勤めていた25年前から自然保護・ごみ環境問題に取り組む。市民活動の現場から情報発信、政策提言を行なう。

現在、「NPO法人ごみ問題5市連絡会」「放射性廃棄物拡散阻止！ 政府交渉ネット」「環境行政改革フォーラム（青山貞一主宰）」などの幹事。

「廃棄物資源循環学会」「NPO法人三多摩リサイクル市民連邦」「東村山のごみを考える会」などの会員。

著書に『プラスチックごみは燃やしてよいのか』『空気と食べ物の放射能汚染ーナウシカの世界がやってくるー』（ともにリサイクル文化社）。

引き裂かれた「絆」
がれきトリック、環境省との攻防1000日

2015年3月3日　初版　第1刷発行

■著　者：青木　泰
■発行人：松岡利康
■発行所：株式会社　鹿砦社（ろくさいしゃ）
〈東京編集室〉〒101-0061　東京都千代田区三崎町3丁目3－3－701
Tel. 03 - 3238 - 7530　Fax. 03 - 6231 - 5566
URL. http://www.rokusaisha.com/
E - mail.　営業部　hishiyama@rokusaisha.com
編集部　nakagawa@rokusaisha.com
〈関西編集室〉〒663 - 8178　兵庫県西宮市甲子園八番町2－1－301
Tel. 0798 - 49 - 5302　Fax. 0798 - 49 - 5309
印刷所 吉原印刷株式会社
製本所 株式会社越後堂製本
装丁 鹿砦社デザイン室
ISBN 978-4-8463-1041-7 C0030